伝説の経営者たちの成功と失敗から学ぶ
経営者図鑑

創業家 超圖解

從卡內基 到比爾蓋茲
從迪士尼、賈伯斯 到馬斯克

一眼看懂

地表最強企業家的致勝思維

商務戰略顧問
鈴木博毅 SUZUKI HIROKI

Taki Rei───繪　張嘉芬───譯

前言

在現代社會當中，成功創業家的創意發想，已堪稱「必備素養」！

邁入「人人都要有能力解決問題」的時代

　　要是有一天，我們被丟進一個截然不同的環境裡，想必任誰都會感到茫然失措。自2019年底起，新型冠狀病毒的威脅籠罩全球，直到2022年的現在都還沒有平息。這大大改變了我們每一個人的生活，簡而言之，現在每個人都必須具備解決問題的能力。

　　以往，若我們隸屬於某些組織或團隊，還能抱持「天塌下來總會有人頂著」的心態。然而時至今日，情況已非如此。社會環境的鉅變，使得你我都必須站上解決問題的風尖浪頭。

　　要學會「解決問題的能力」絕非一朝一夕之事。不過，我們可以從那些解決過很多問題的人身上，得到豐富的靈感。在現代社會當中，提到「解決過很多問題的人」，我們最先想到的，就是經營與管理企業的創業家。因為公司要從創業到穩定經營，再到大展鴻圖，創業家需要不斷解決過程中面對的各項問題。

創業家的人生是一座寶庫，處處充滿「解決問題的能力」

追根究柢，為什麼會出問題？其實問題的來源就是那些尚未解決的事情。所謂「解決問題的能力」，在我們人生當中的意義就是可以幫助我們跨越難關、改變現狀，好讓我們能從艱苦的困境往上爬，朝更幸福、更富裕的方向邁進。

在相對富庶的年代裡，社會的中產階級只要沒有太多奢望，就不必煩惱「如何提升解決問題的能力」。然而，在整個社會遭受重創的此刻，我們就必須提升自己解決問題的能力，才能爭取到理所當然的幸福。因此，在現代社會當中，不斷地解決問題，並從中獲致成功的創業家，他們的創意發想對許多人而言，已堪稱是「必備素養」。

一位有所成就的創業家，人生想必是驚濤駭浪。他們雖然背負著龐大的責任，但如果達成了目標，就能賺得鉅額財富。他們面前接二連三地出現非得克服不可的問題，而這些創業家一心只想實現夢想，所以也總能突破各種難關，並且不斷保持行動力。分析成功創業家一路走來的人生歷程，必能有效提升我們解決問題的能力。

社會在變，暢銷商品也在變

每逢新時代的起點或社會的轉折點，一定會有新的創業家（企業家）崛起——因為社會的變化總能帶來全新機會。只要是能改變人類生活的商品，不論在什麼時代都能暢銷；另一方面，短暫的熱門商品，卻會隨著時代更迭。

本書從19世紀後半到現代的這150年之間，精選出30位創業家，分析他們一路走來的歷程，並說明他們成功的主因。這些創業家都在各自的

時代裡，開創了符合社會需求的事業，挾著其他企業所沒有的出類拔萃，不斷茁壯、克敵致勝。（卡內基在1861年創設了鋼鐵廠，當時是日本的文久元年，還要再過7年才會進入現代化改革的明治時期。）

無論是驅策他人的原理，抑或是令人趨之若鶩的商品、服務，都會隨著時代改變。若明白這個事實，相信就能在我們擘劃未來、尋找下一個熱賣商品時，帶來很大的啟發。

一切都始於對「實現夢想」的渴望

綜觀150年來的諸位創業家，可以發現他們都有一個共通點，那就是他們所有的行動，都始於「人對實現夢想的渴望」。人人都希望今天的自己比昨天更好，明天比今天更幸福、更富足。這樣一個小小的想望，在任何時代裡都會成為驅使人前進、推動社會發展的原動力。

即使是請目前活躍在第一線的商務人士來讀，本書內容仍能備受肯定。不過，本書設定的目標讀者，是有心想抓住更美好未來的每一個人。在寫作時，我也特別留意，力求讓不同年齡層的讀者都能把書中內容當作「生活在現代社會所需的素養」，善加運用。

我尤其希望，未來有意創業或經營企業的同學和年輕朋友能翻閱這本書。書中大量運用圖解說明，以便供小學生以上的各年齡層讀者閱讀。期盼各位也能把這本書，送給未來有望成為創業家的孩子們。

失敗令人苦惱煎熬，大創業家也一樣

相較於我的前一本著作《圖解3000年經典戰略》，在這本《創業家超圖解》當中，安排了更多漫畫頁面。英明神武的創業家，其實也有一些出

人意表的小故事，或令人忍俊不禁的失敗趣談等，書中都會以漫畫形式呈現。期盼各位能從中明白一個道理：面對失敗，這些創業家也和天下的凡夫俗子一樣，會失望沮喪、傷心流淚，也會殫精竭慮、勞神苦思。

想變得更好，唯有採取行動。即使是再小的行動也無妨。畢竟連一根手指都懶得動的人，即使擁有再豐富的知識、再遠大的夢想，現實依舊不會改變。不過，當我們採取新行動，總會伴隨失敗的風險。成功的創業家選擇承擔風險，向前邁進。他們嘗試過、努力過，所以在面對失敗時，也會失望、沮喪。可是，為了追求夢想，他們總是在跌倒受挫後，又重新振作起來。

衷心期盼本書能在各位實現夢想的道路上，幫助各位再往前多走幾步。

鈴木博毅

第 **1** 章

工業時代の創業家
1850-1920

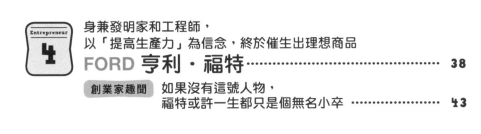

第 **3** 章

消費擴大時代の創業家
1970-1990

第 **4** 章

資訊科技誕生時代の創業家
1990-2000

第 **5** 章

資訊科技創新時代の創業家
2000-2010

第 **6** 章
資訊革命新時代の創業家
2010-2015

第 **7** 章

網路新時代の創業家
2015-

本書使用說明

本書介紹從近代到現代這150年來的30位
知名創業家。整體編排上雖是依時間先
後排序，但各位仍可從聽過的、或是感興趣的
人物開始讀起。

在每一篇的三大「成功POINT」當中，
會以該位創業家「究竟為什麼能出類拔
萃」為主軸，進行分析解說。

看這些創業家的人生歷程，能帶給我們相
當豐富的收穫，例如事業上的靈感、人
生哲學、素養，或教育的參考等。我在本書最
後列出了參考、引用文獻的資料來源，有興趣
的讀者，建議務必一讀。

1 青少年必備的人生觀

想了解這個主題，請參閱以下各頁

▷ P.28、P.35、P.60、P.66、P.80、P.98、P.118、P.152、P.158

2 打造傑出團隊的心法

想了解這個主題，請參閱以下各頁

▷ P.40、P.54、P.62、P.81、P.112、P.153、P.160、P.197

3 出類拔萃靠行銷

想了解這個主題，請參閱以下各頁

▷ P.42、P.61、P.67、P.72、P.73、P.82、P.114、P.138、P.154、
　 P.173、P.174、P.178

4 創造最高績效的工作術

想了解這個主題，請參閱以下各頁

▷ P.22、P.23、P.34、P.36、P.94、P.196、P.198

5 事業上的非凡創意

想了解這個主題，請參閱以下各頁

▷ P.24、P.29、P.49、P.88、P.100、P.107、P.113、P.127、P.139、
　 P.147、P.159、P.180、P.184、P.191

6 加速成長的策略

想了解這個主題，請參閱以下各頁

▷ P.30、P.41、P.50、P.55、P.93、P.99、P.108、P.120、P.128、
　 P.133、P.140、P.164、P.165、P.166、P.179、P.190

7 創新思維的養成

想了解這個主題，請參閱以下各頁

▷ P.48、P.56、P.106、P.126、P.132、P.146、P.148、P.172、P.185、
　 P.186、P.192

8 組織發展策略

想了解這個主題，請參閱以下各頁

▷ P.68、P.74、P.86、P.87、P.92、P.119、P.134

Entrepreneur

第**1**章

1850-1920

工業時代
の
創業家

19世紀末，近代工業開始蓬勃發展。
工業的幼苗究竟是如何萌芽？又是如何成長茁壯？
近代工業發展的初期階段，不乏當時特有的機會與苦難。
接下來，我們要探討這些創業家的問題解決之道。

Entrepreneur 1

勤奮、誠懇、精於算計，
總能以最快速度抓住眼前機會！

安德魯・卡內基

Andrew Carnegie

▷ 卡內基鋼鐵公司創辦人

生於1835年，13歲時與父母一起從蘇格蘭移民到美國。卡內基為了貼補捉襟見肘的家計，從十幾歲就開始工作。他當過電報技師、發展過鐵路事業，後來還創辦了鋼鐵公司，憑著勤奮和企圖心，在事業上不斷獲得成功。若以2000年的幣值來換算，當年他已累積了多達3,000億美元的身家，被譽為美國史上的第二大富豪。

> 千萬別漏抓了
> 時機的劉海*。
> （意指絕佳良機）
>
> * 英文諺語「take time by the forelock」。

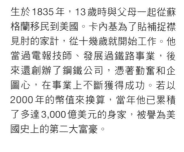

邁向國際級企業的歷程

1856年卡內基投資了臥鋪列車事業，此後便同步發展「投資理財」和「事業經營」。1861年創立鋼鐵公司後，在1865年辭去賓州鐵路工作，專心操作投資與經營。1875年，他將英國人發明的柏思麥煉鋼法（Bessemer process）引進美國，以低成本產製鋼鐵，逐步邁向富豪之路。後來他又投入交通路網、鋼鐵業，還有以鋼鐵橋樑取代木造橋樑的事業，以及鐵軌鋼材的生產與銷售等。他積極發展多角化經營與事業的垂直整合、擴張，賺進了相當可觀的財富。

成功故事

卡內基的父親原本是紡織工人，卻因19世紀工業革命，跌入貧困階層。不過，身為長子的卡內基，在為人誠懇、自尊自重的父母教養下，並沒有因為家境而怨天尤人，反倒是從十幾歲就開始努力工作。他隨時都在學習更高階主管的工作，因而得以不斷晉升，並在投資理財與事業經營上，都有相當輝煌的成績。躋身富豪之列後，卡內基在慈善事業方面的貢獻，也頗負盛名。

相關人物

湯瑪士・史考特
（Thomas A. Scott）

主管兼事業夥伴

約翰・摩根
（John Morgan）

銀行家

難題 Challenge

貧窮少年究竟做了些什麼，才實現了自己的遠大夢想？

解答 Solution

隨時對「更高階」的工作保持興趣，並對工作內容瞭若指掌。同時，還要隨時掌握資訊，持續同步發展「投資理財」與「事業經營」。

成功 POINT

① 連主管的工作都能隨時上手

★ 「技師不在的時候，我常常會被叫去操作電報機，於是就這樣學會了發電報的技術。」

★ 「以往我曾多次奉史考特之命發送電報，後來，在調度列車行駛的工作上，史考特就幾乎不曾對我發號施令了。」

② 傾全力支援，讓優秀的人獲得更大成功

★ 「有一天，我向摩根先生提出了這樣的建議：『摩根先生，我來提一些方案，您儘管拿去做生意。如果您願意把獲利的四分之一分給我，我應該可以提出更多有意思的方案。』」

③ 投資即將流行的事物，並透過技術創新，把「品質和價格」做到最好

★ 「不把握當下的機會，是大錯特錯。」

★ 「在不久的將來，鋼將會取代鐵。這件事看在我們眼裡，已經是昭然若揭的趨勢（中略）。如今這個『鐵』萬能的時代，將被『鋼』所取代，我們會越來越仰賴鋼材。」

★ 「美國即將從一個鋼材最貴的國家，蛻變為最便宜的國家。」

※本書的引號內文字，皆引用自書末所列之參考文獻。

連主管的工作都能隨時上手

迅速升遷的關鍵，
在於對主管的工作瞭若指掌。

少年時期的卡內基，隨時都在用心觀察主管的工作內容，
以期能在必要時上場代打。

不只關心自己的工作，也對主管的工作保持興趣，就是在為晉升做
最好的準備。

傾全力支援，讓優秀的人獲得更大成功

鋼鐵大王
安德魯·卡內基

**傾全力支持優秀的成功人士，
以獲得提攜、追求共好。**

任職鐵路公司時的恩師
（主管）

要不要當我們的投資夥伴？

我要全力支持史考特先生！

我要把每項工作都處理得無可挑剔！

湯瑪士·史考特

青年時期的卡內基

一起追求
更卓越的成功

成為企業家後

我提供事業上的建議方案，您分給我25％的利潤，怎麼樣？

好啊，拜託你了！

一起成功

企業家卡內基

倫敦的摩根商會

最重要的，是讓對方成功。

事業體越龐大越難做到誠懇，這一點唯獨我辦得到！

如果成功人士、優秀人才都要仰賴你，那你和成功的距離就會越靠越近。當個稱職的好夥伴，擴大成功的圈子吧。

學習榜樣

投資即將流行的事物，並透過技術創新，把「品質和價格」做到最好

遇到好機會就該及時把握！

1800 年代的美國

歐洲的技術發展
美國的市場
調查礦產

所有鐵材都將被鋼材取代喔！

10年內
產量成長3倍

一路攀升

卡內基收購匹茲堡的工廠，轉型為煉鋼廠，並將產能開到最大。

機會女神的劉海稍縱即逝，

卯足全力抓！

咻～

啊，跑掉了！

機會就在眼前，要是無法果斷決策並採取行動，就無法成功。

卡內基總能抓住機會女神的劉海。

學習榜樣

機會女神的劉海稍縱即逝。想贏得女神青睞，就要迅速採取行動！

人際關係大師唯一的挫敗

誤信商業夥伴，交付保險箱鑰匙，結果股票被變賣，損失慘重。

※史考特是當時的商界大老，與石油大王洛克菲勒的競爭相當激烈。雙方在爭奪鐵路霸權，史考特面臨財務困難，於是調度卡內基的資金。

不受市場原理擺布！
唯有親自主導市場，才能立於不敗之地！

約翰・洛克菲勒

John Rockefeller

▷ 標準石油公司創辦人

洛克菲勒生於1839年，母親在家中一貧如洗的狀況下，還要忍受丈夫的不忠，但她仍教出了克勤克儉、活力十足的兒子。洛克菲勒在石油工業剛萌芽的時期，就積極經營並收購煉油廠，更主宰了鐵道事業，透過大規模的垂直整合賺進鉅額財富。在人生下半場，洛克菲勒也相當熱衷慈善事業。

> 別受動盪的經濟與市場原理擺布，開創一番事業吧！

邁向國際級企業的歷程

標準石油（Standard Oil）成立於1870年，由於洛克菲勒秉持積極收購的經營方針，因此在1878年時，標準石油已取得美國國內石油精製業界90%的市占率。他還改良了石油精製技術，開發出許多石油相關產品，包括凡士林、焦油等。1877年，洛克菲勒正式跨足出口事業。後來標準石油因受到反壟斷法制裁，1911年時被分拆成30多家企業。洛克菲勒被譽為美國有史以來最有錢的富豪，資產總額超過3,000億美元。

成功故事

由於父親疏於照顧家庭，洛克菲勒從十幾歲起就開始工作養家。工作是他逃離可惡父親、追求獨立最好的方法。24歲時，他離開原本的農產品買賣工作，轉投資煉油廠。洛克菲勒並未經手石油開採業務，卻能打造出「最有效率的煉油廠」，靠著價格競爭力和市場壟斷，賺進了龐大利潤，成為當時全球首屈一指的大富豪。

亨利・羅傑斯
（Henry H. Rogers）

安德魯・卡內基
（Andrew Carnegie）

相關
人物

合夥人

競爭對手

難題 Challenge

有幸在石油開採業的萌芽階段就投入，但大家都貪心地拼命挖，導致價格崩盤。

解答 Solution

每次發現新油田，洛克菲勒一概忽視那些一窩蜂爭搶眼前利益的人，只專注落實長期展望與有益整體業界的策略。

成功 POINT

① 對父親的叛逆，養成了他對財富的執著和自律自制

★「當年洛克菲勒的一絲不苟（中略），無疑是對荒唐父親和失序童年的過度反動。」

★「有一次，洛克菲勒申請銀行貸款時，被無情地拒絕。他盛怒之下回了這句話：『總有一天，我會成為世界第一富豪！』」

② 在競爭者越來越多的市場，搶占主導地位

★「他認為，在不時遭逢景氣冷熱浪潮襲擊的動盪經濟下，無法建構大型產業，故決定要主導市場，而不是去配合市場的變動。」

★「洛克菲勒總是把交易量視為首要元素。」

★「從開始經營到退休這段期間，他讓石油精煉的單位成本幾乎腰斬一半。」

③ 絞盡腦汁站在主導的一方

★「他認為，既然自己的成功受到整個產業的失敗所威脅，那就必須改良整個產業。」

★「他研判造成市場出現『毀滅性競爭』危機的元凶，就是『煉油產業過度發展』。」

對父親的叛逆，養成了他對財富的執著和自律自制

對荒唐父親的反抗，
養成了一絲不苟的個性，以及對財富的執著。

從童年到青年

四處行商，
不知何時才會
回家的父親

每天都生活在不安之
中，總是為錢發愁

沒錢啊！

每天忙著處理爸爸製造的問題，
毫無計畫可言。

青年開始就靠著工作獨立

我絕對不會變成你這
種放蕩隨便的人！

我的人生不想被任何
人主導！

成為青年企業家

我不能貸款給你。

我才不希罕！

總有一天，我會變
成世界第一富豪！

銀行

對金錢的執著
自我管理
自律自制

**學習
榜樣**

對父親的叛逆，養成了他一絲不苟的個性；母親的慈愛，讓他特別
重視家庭——要懂得從每一件事情當中，學到深刻的領悟。

在競爭者越來越多的市場，搶占主導地位

石油大亨
約翰・洛克菲勒

2

試圖主導市場，不受市場擺布。

1860 年代 每次發現新油田，開採者就會蜂擁而至，導致價格崩盤。

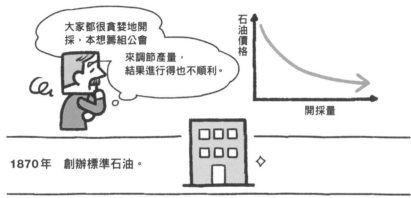

大家都很貪婪地開採，本想籌組公會
來調節產量，結果進行得也不順利。

石油價格

開採量

1870 年 創辦標準石油。

1878 年 掌握美國國內 90% 的石油精煉產能。

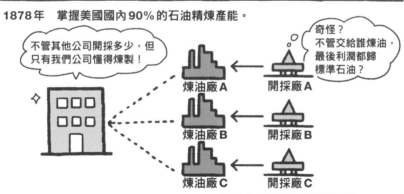

不管其他公司開採多少，但只有我們公司懂得煉製！

煉油廠 A　　開採廠 A
煉油廠 B　　開採廠 B
煉油廠 C　　開採廠 C

奇怪？
不管交給誰煉油，
最後利潤都歸標準石油？

1911 年 標準石油受到美國的反壟斷法制裁，被迫分拆。

建立不怕被市場競爭影響的主導地位。最理想的做法，是利用同業競爭，追求更高的成長。

學習榜樣

29

絞盡腦汁站在主導的一方

過度的削價競爭，
催生「龐大聯合壟斷聯盟」的想法。

1860 年代

原油價格已經崩盤，同業還不斷地開鑿油井。

亞當斯密說的「看不見的手」，在這個業界根本不管用！

需要投入大量資本，進行生產調節。

標準石油公司

1870 年創立

一切都由我們主導，就能稱心如意！

賓州鐵路公司

龐大的聯合壟斷聯盟，主導著生產調節機制與業界

龐大資金

石油精煉

油桶生產

出貨設施

石油運輸

運費折讓

可確保一定的貨運量，又能提高運費

低價銷售的市場壓力

成為美國在 1900 年代初期訂定反壟斷法的契機。

學習榜樣

在商場和人生中，沒有什麼比受制於人更弱勢的了。因此要絞盡腦汁成為主導的一方。

母親的慈愛，孕育出百年難得一見的慈善家

與背叛家人的放蕩父親對立，而走上拒絕受人擺布的人生。

因為父親的不忠，以及受父親債務與麻煩所擺布的童年經驗，

他由衷敬愛著含辛茹苦、養活一家人的母親。

約翰‧洛克菲勒很討厭他那個到處兜售可疑藥品的父親。

讓洛克菲勒恨透了受人擺布的人生，

只要發現新油田就去收購。

他狂熱地追求「能主導一切」的「自立與穩定」，而在過程中樹敵頗多。

與鐵路公司起衝突，雙方嚴重對立。

另一方面，他年輕時雖然荷包空空，就已經會定期捐出部分收入做慈善。

既是充滿慈愛的「慈善家」，又是「冷酷能幹的企業家」。他終其一生都帶有這兩種不同面貌。

Entrepreneur 3

事業與道德並行不悖，
在懷抱堅定信念的同時，又能靈活因應新時代！

澀澤榮一
Eiichi Shibusawa

▷ 第一國立銀行（現為瑞穗銀行）
等機構總監

> 武士要有武士道，
> 商人也要有商人道。

1840 年生於富農之家，15、6 歲就開始幫忙家業，協助蓼藍採購的業務等。澀澤榮一曾想過討伐幕府，後來卻成了德川慶喜的家臣，發揮理財方面的長才，甚至還參加了赴歐考察行程。在幕末到明治時期，他雖受到時代鉅變的擺布，卻仍大顯身手，積極在日本推動資本主義，被譽為「不倒翁」。著作以《論語與算盤》最負盛名。

邁向國際級企業的歷程

1868 年自歐洲返回日本後，隔年進入大藏省任職。1873 年辭去公職，陸續參與第一國立銀行以及現今「日本製紙」等企業創辦。1879 年，澀澤榮一擔任東京海上保險公司的發起人，1881 年又當上日本鐵道公司理事委員。此外，現在的東京電力公司、東洋紡織、淺野水泥和麒麟控股等公司，當年創立時澀澤榮一都有參與。總計在他一生當中，共經手逾 500 家企業的創辦業務。

成功故事

少年時期，澀澤榮一曾對蠻橫的幕府代官大感憤慨。歷經幾次奇妙的際遇後，才走出農家，成為德川慶喜的家臣。大政奉還＊改變了他對時局發展的想法；在赴歐考察時，他也積極吸收新知。返國後，他曾入大藏省（政府財務機關）服務。後來辭去公職，創設了第一國立銀行等民間機構。終其一生，共參與了逾 500 家企業的籌設，為日本的現代化發展貢獻良多。

＊ 1867 年，將軍德川慶喜將政權交還天皇，
後續導致江戶時代終結，進入明治時期。

相關
人物

德川慶喜

第15代將軍

大隈重信

政治人物

難題 Challenge

雖然生在幕末的富農之家，但在時代不斷更迭之際，如何開創出理想的社會？

解答 Solution

在商業上受到父親的薰陶，又很懂得如何向在上位者提出建言，還能因應新局勢，妥善調度人才，成功讓各項事業在日本社會站穩腳步。

成功 POINT

① 有想法一定會呈報主管，並爭取主管認同

★「我奉旨在一、兩天內面聖，便趁機將先前的建言毫無保留地進諫。」

★「既然如此，我也有些淺見，盼獲聖上採納，自此才有了入大藏省奉職的念頭。」

② 保持彈性，只要接收到新資訊，就願意做出新判斷

★「到了法國，我在拿破崙三世統治下正值盛世的巴黎，大量吸收最新資訊，翻轉了自己既往的觀念。」

★「不以扭曲的形式，執著於過去的自己──這就是我的信念。」

③ 精通如何打造優質企業

★「在《青淵百話》當中，澀澤提到當企業家應具備的四項條件：①要懂得深入思考事業能否成立？②該項事業是否對國家社會也有貢獻？③興辦事業的時期是否合宜？④經營者有無合適人選？」

★「要推舉讓自己失勢的人物擔任總經理。」

有想法一定會呈報主管，並爭取主管認同

涩澤榮一打動他人的祕訣，
是年輕時就展現出來的「提案力」。

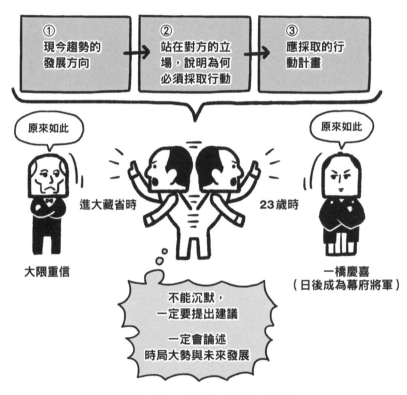

① 現今趨勢的發展方向	② 站在對方的立場，說明為何必須採取行動	③ 應採取的行動計畫

原來如此

進大藏省時　　　　　23歲時

大隈重信

一橋慶喜
（日後成為幕府將軍）

原來如此

不能沉默，
一定要提出建議

一定會論述
時局大勢與未來發展

從幕末到明治時期，涩澤榮一打動了許多人。
他總會論述時局大勢與未來發展，爭取對方的認
同和參與。

學習榜樣

提案內容一定要結合「時代潮流」。若能讓對方覺得有利可圖，就
會更有說服力。

保持彈性，只要接收到新資訊，就願意做出新判斷

**不執著於過去的信念，
只要接收到新資訊，就願意做出新判斷。**

「只要接收到新資訊，就願意改變自己」的能力，
讓澀澤榮一飛黃騰達。

大多數人即使碰到新的狀況，還是會死守著自己過往的成見。
而願意立即改弦易轍的態度，讓澀澤榮一得以功成名就。

學習榜樣

＊ 1867年，澀澤榮一入選巴黎萬博使節團，陪同德川慶喜將軍的胞弟德川昭武出訪法國。

精通如何打造優質企業

澀澤榮一精通於
開創社會與事業之道。

②是否對國家社會也有貢獻？

③興辦事業的時期是否合宜？

①事業能否成立？

④經營者有無合適人選？

澀澤榮一參與創辦的公司有近 500 家，堪稱是一手打造了日本的資本主義！

串聯「時代」、「事業」和「人才」這三大要素，是澀澤榮一的創見。
他推動這項理念，為日本孕育了許多不可或缺的事業。

學習榜樣

專心經營一項事業，固然也是好事，但精通「如何打造優質企業」，才可以創造更多成功經驗。

一再轉向，卻不曾灰心喪志的男人

澀澤榮一討伐幕府的計畫敗露，才成為一橋家的家臣，從失敗中崛起，步上發跡之路。

* 家老為將軍家臣中，地位最崇高者。

Entrepreneur

4

身兼發明家和工程師，
以「提高生產力」為信念，終於催生出理想商品！

亨利・福特

Henry Ford

▷ 福特汽車公司創辦人

生於 1863 年，曾當過機械工人，也經營過農場，後來進入發明王愛迪生創辦的電力公司。福特也曾屢次創業，自己當工程師，並找金主來投資，到第三次創業才終於成功。這時他已 40 多歲，可說是大器晚成。福特 T 型車價格親民，安全可靠，推出後銷量一路爆炸性成長，是開創全球汽車時代的大功臣。

> 用最優質的技術創新和生產力，做出適合大眾的平價車款。

邁向國際級企業的歷程

1903 年的汽車公司是福特第三次創業。公司車款皆以英文字母命名，編號從 A 開始。截至 1904 年 3 月底，賣出了 658 輛汽車。1905 年，福特已在全美成立了 450 家經銷商，還將產品銷往海外。1907 年，福特汽車針對車款汰弱留強，創下銷售 8,243 輛的佳績，是往年的五倍之多。1908 年，原本預計在 10 月開賣的 T 型車款，在廣告曝光隔天就湧入大批訂單。截至 1928 年，T 型車在全球銷量達 1,500 萬台，成為全球熱銷商品，大大改變了全人類的生活型態。

成功故事

雖然福特生於牧場，童年時卻很喜歡玩機器。他當過機械工人，後來獨立創業，但前兩次都不幸失敗。1903 年，他第三度挑戰開公司，團隊人才都是一時之選，終於讓事業順利步上軌道，總算功成名就。公司的代表作「福特 T 型車」，在全球銷售了 1,500 萬輛。

亞歷山大・馬康森
（Alexander Malcomson）

詹姆斯・考森斯
（James Couzens）

相關
人物

出資者

生產管理主管

難題 Challenge

1900 年代初期，汽車製造商如雨後春筍般出現，熱衷技術研發的福特，是否有其獨特的成功之道？

解答 Solution

福特十分執著於技術創新，此外，對出身牧場的他來說，「打造一輛國民車」是對富裕資本家的反抗。這兩種心態，驅使他打造出人氣車款。

成功 POINT

① 創業第三次，才發現團隊缺乏什麼樣的人才

★「如果要列舉一位對亨利‧福特的功績最有貢獻的人物，恐怕除了儲煤廠的行政主任詹姆斯‧考森斯*之外，根本沒有第二人想。」

★「和福特在999（賽車用車款）專案共事的哈羅德‧威爾斯（Harold Wills），堪稱是他在技術方面的觸媒。」

② 發現新合金「釩鋼」，並廣泛運用

★「福特很早就發現，歐洲車的某種零件比美國製的同級品更輕，也更耐用。」

★「以往我們只能屈就於抗拉強度6萬到7萬磅的材料，有了釩鋼之後，將抗拉強度一口氣推升到了17萬。」

③ 在高級汽車熱賣的時代，祭出 100％逆勢操作，用釩鋼打造出平價國民車

★「1908年春天，福特汽車將T型車的廣告傳單發到經銷據點後，顧客非常懷疑這輛車的性能。底特律的一家經銷商甚至回函表示：『坦白說，它實在好得太誇張，讓人不敢相信是真的。』」

★「週六（廣告曝光隔天）就接到近千封的詢問信函；到了週一，負責收發的員工簡直要被滿坑滿谷的信件給淹沒了。」

* 考森斯還擔任過事業總監及銷售主任，為福特打造了經銷網。

創業第三次，才發現團隊缺乏什麼樣的人才

福特在第三次創業
大獲成功的祕密。

這是對我
無益的工作

福特

幾乎做不出
任何產品，我
很頭痛啊！

給我滾蛋！

考森斯

投資人

滿腦子只有賽
車，毫無幹勁

我總算發現成功
的祕密！

破產　→　被趕出公司團隊　→　T型車賣出 1,500 輛，
福特躋身全球超級富豪

第1次　　第2次　　第3次

為什麼第3次
會成功？

因為福特找到了考森斯這個
既懂生產，又能管理現金流
量的人才。

福特是技術方面的天才，但經營
管理卻是一場糊塗。前兩次創業
會失敗，問題也都是出在這裡。

學習
榜樣
要找到「互補的夥伴」，以彌補自身缺陷！

發現新合金「釩鋼」，並廣泛運用

FORD
亨利‧福特

4

保持熱情，
追求最新技術以實現理想。

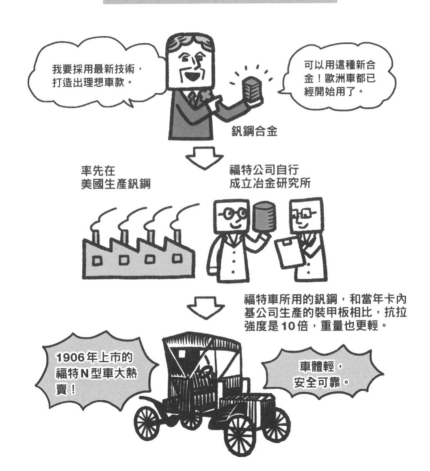

我要採用最新技術，打造出理想車款。

可以用這種新合金！歐洲車都已經開始用了。

釩鋼合金

率先在
美國生產釩鋼

福特公司自行
成立冶金研究所

福特車所用的釩鋼，和當年卡內基公司生產的裝甲板相比，抗拉強度是 10 倍，重量也更輕。

1906 年上市的
福特 N 型車大熱賣！

車體輕，
安全可靠。

願意採用全新創意，並擁有大膽運用的靈活彈性，將帶領你邁向成功。

學習
榜樣

在高級汽車熱賣的時代，祭出100%逆勢操作，用釩鋼打造出平價國民車

T型車的創新，讓大衆爲之瘋狂。

其他高級車	T型福特
3,000 美元以上	1908 年上市 825 美元

少數富豪

大眾

這個不錯喔！

我也買得起！

堅固耐用、安全可靠！

太貴了，這種東西與我無關。

我買不起。

使用先進技術，又平價可靠，讓大眾為之瘋狂。

廣告曝光隔天，就收到 1,000 封以上的詢問信函。

1908 年，美國教師的平均年薪為 850 美元。售價 825 美元的福特 T 型車，和以往的高價汽車截然不同。它的空前暢銷，甚至改變了整個美國社會的樣貌。

學習榜樣

不妨試著想想：如何設定合適的價格、條件，讓多數人認為「這項商品與我有關」？

創業家趣聞

如果沒有這號人物，福特或許一生都只是個無名小卒

兩次創業失敗，都是因為福特不懂得如何管理財務，以及過度執著於「改良」。

43

Entrepreneur

第 **2** 章

1940-1960

戰後復興時代

の

創業家

戰後，企業的銷售對象擴及到全球。
此時混亂已逐漸平息，新商機也隨之出現。
在這苦難時代中，許多創業家心懷新希望，奮力
站了起來。
本章將介紹他們堅忍奮鬥、邁向勝利的歷程。

父子兩代合力打造，
豐田式經營哲學與堅毅不撓的發明精神！

豐田喜一郎

Kiichiro Toyoda

▷ 豐田汽車公司第二任總經理

生於 1894 年，是明治時期的發明家豐田佐吉的長男。1921 年進入豐田紡織公司任職後，多次赴歐美考察，直到 1933 年才成立汽車部門。1938 年於現今的豐田市興建汽車工廠，並從 1941 年起擔任豐田汽車工業股份有限公司總經理一職，帶領公司朝日本國產汽車製造商的方向邁進。

隨時放眼未來，並兼顧獨創的發明與卓越的經營。

邁向國際級企業的歷程

豐田喜一郎看到父親因研究方向錯誤，而兩度將公司拱手讓人的挫敗經驗，對兼顧經營管理與發明有著深刻體悟。在東大學習過機械工程的喜一郎，能從更宏觀的觀點去了解生產現場的運作。1935 年，豐田喜一郎做出了一號樣品車（A1型）。後來他爭取到 58 萬坪的土地，並於 1938 年興建汽車工廠。儘管二戰期間受到經濟管制的影響，物資嚴重短缺，但豐田喜一郎的判斷精準明快，又任用了傑出的經理人，安然度過難關。身為豐田集團的第二代，他為公司打下了日後發達的強大基礎。

成功故事

由於父親豐田佐吉對發明實在太過熱衷，使得喜一郎被送到祖父母身邊，度過了沉默寡言的童年。國中他就開始進出自家工廠，一路看著父親在發明長才與經營管理的夾縫中煎熬，使他長成了一位具備經營天分的工程師。豐田喜一郎看好新世代汽車的發展潛力，便以堪與父親比擬的堅定信念，為今日的豐田汽車奠定了發展基礎。

豐田佐吉　　　豐田利三郎

相關
人物

創辦人、父親　　豐田汽車
首任總經理、姊夫

難題 Challenge

身為企業二代的豐田喜一郎，父親是發明家，還曾叫他「去做紡織」。
為什麼他後來能在「汽車製造」這個新產業成功打下江山？

解答 Solution

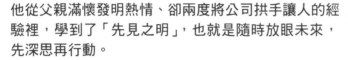 

他從父親滿懷發明熱情、卻兩度將公司拱手讓人的經
驗裡，學到了「先見之明」，也就是隨時放眼未來，
先深思再行動。

成功 POINT

① 從飽受全球需求所擺布的事業中，學會「展望未來」

★「普拉特紡織廠的資深工人曾領著高薪，過著志得意滿的日
子。沒想到七年後，竟滿街都是失業人口。公司高層應該開
始懷疑要不要繼續生產紡織機器了吧？」（當時，紡織是個
難以期待全球出現大量需求、帶動市場變化的產業。）

② 看著父親辛苦走來的喜一郎，選擇經營與發明並重，還繼承了勇於挑戰的血統

★「盛怒的佐吉吼了一聲『又來了！』便憤而離席，接著立刻提
出辭呈。他的專利、一手打造的工廠、培養的員工班底，全
都被人搶走，還被攆出了公司。」

★「佐吉和喜一郎最大的不同，應該是喜一郎敏銳的觀察力，不
只用在技術發明上，還全面關照人事、公司一般行政業務
等，每件事的裡裡外外都考慮得很周全。」

③ 即使已經投入生產，仍持續找出改善成本的方法

★「喜一郎當場下令，要我們把已經做好的300個舊款汽缸蓋敲
壞。」（因為改良後，庫存零件已不合用。）

★「越是大量生產，每一部車的平均成本就越低，但每一次改良
的平均成本卻暴增，兩者出現矛盾（中略）。解決這個矛盾
的方法，就是及時生產（Just In Time）。」

★「豐田紡織時任董事石田退三，把喜一郎一手提拔的開發團隊
稱為『火球小組』。」

從飽受全球需求所擺布的事業中，學會「展望未來」

眼見七年前還是業界翹楚的英國普拉特公司一夕沒落，讓他富有危機意識。

學習榜樣 從其他公司的興衰成敗當中，學到「展望未來」的重要。不跟風那些一時的熱潮，而是常懷危機意識，才能讓事業永續發展。

成功
POINT2

看著父親辛苦走來的喜一郎，
選擇經營與發明並重，還繼承
了勇於挑戰的血統

眼見兩度失去公司的父親滿心不甘，
造就了凡事顧慮周全、勇於挑戰的喜一郎。

兩度失去自己一手
打造的公司，真的
很不甘心！

公司

公司

佐吉

我不能再重演
父親的悲劇！

發明很重要，但經
營與資金也很重要
啊！

豐田汽車對經營（與發明實力）的重視，
源自創辦人父子吃過的苦頭。

憑技術創業的人，比較不在意經營和資金。豐田的第二代接班人明
白兩者並進的重要，才讓企業得以更加茁壯。

學習
榜樣

即使已經投入生產，仍持續找出改善成本的方法

及時生產的最大優勢，就是能以最低成本進行改良。

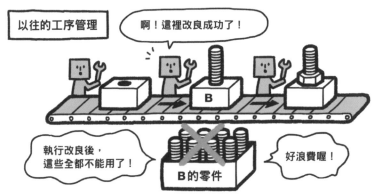

以往的工序管理

啊！這裡改良成功了！

B

執行改良後，這些全都不能用了！

B的零件

好浪費喔！

案例：曾搗毀300個舊款汽缸蓋。

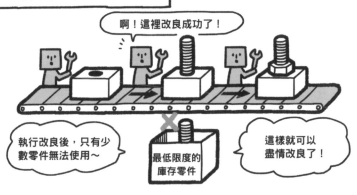

及時生產的工序管理

啊！這裡改良成功了！

執行改良後，只有少數零件無法使用～

最低限度的庫存零件

這樣就可以盡情改良了！

學習榜樣

汽車在產製過程中，也會不斷找到「改良點」。豐田研發出比其他同業更卓越的「產製機制」，得以長期立於不敗之地。

在背後默默努力的人

被父親佐吉下令禁止的某項設計研究，有一天竟然曝光了！

Entrepreneur
6

一路從創作者到製作人，再蛻變成創業家！

華特・迪士尼

Walt Disney

▷ 與哥哥洛伊共同創辦
華特・迪士尼公司

華特・迪士尼生於1901年，10多歲時曾任職於廣告設計公司。20歲就與朋友獨立創業，公司卻不幸倒閉。1923年，與哥哥洛伊一同創業，製作出了《愛麗絲在卡通國》（Alice Comedies）系列作品。後來他又製作了動畫和電影，大受歡迎。1955年，第一座迪士尼樂園在美國加州開幕。

> 優質的娛樂，應該是可以推薦給男女老幼的。

邁向國際級企業的歷程

迪士尼兄弟發現，動畫製作完後，若將作品權利賣斷，公司永遠不會獲利。他們也注意到著作權與周邊商品銷售權的重要。1928年，迪士尼公司推出了「米老鼠」，這個角色在全球各地受到熱烈歡迎。原本只有六位員工的編制，竟在六年後暴增到187人。不過，儘管熱門角色為公司創造了獲利，但其他不受市場青睞的角色仍造成公司虧損。至於在財務表現上，迪士尼要等到1955年迪士尼樂園開幕後，才算是真正獲得成功。另外，早期米老鼠的聲音，就是由華特本人親自獻聲擔綱。

成功故事

華特・迪士尼是四兄弟之中的老么。父親伊萊亞斯既嚴格又頑固，除了華特以外，三個哥哥都曾離家出走。伊萊亞斯發展過很多事業，卻都沒有成功，一家人過著貧窮的生活。華特在動畫的世界裡找到了夢想與潛力，透過不斷的學習與創意巧思，成功打下一片江山。

洛伊・迪士尼
（Roy Disney）

烏布・伊沃克斯
（Ub Iwerks）

相關
人物

合夥人、哥哥

動畫師

難題 Challenge

生在動畫萌芽期的華特‧迪士尼,是如何擺脫不賺錢的外包商地位,
成功開創龐大的動畫王國?

解答 Solution

他發現「角色性格」和「精采故事」是作品引人入勝
的關鍵。為了讓創作化為成功的生意,他把作品相
關權利留在公司,並發展多角化經營。

成功 POINT

① 認同他人的才華,並讓他們接受更大的挑戰

★ 「有個員工很擅長構思笑料,但他也知道要當上頂尖動畫師,
自己的繪圖功力還不夠。於是華特決定請他去協助動畫師烏
布‧伊沃克斯。」

★ 「多虧華特的關照,我才能把自己所有的能量,都投注在笑料
和故事情節的構思上。」

★ 「他很懂得如何找出員工隱而未顯的才華,而且一定會讓他們
發揮。」

② 擺脫「動畫工作室賺不了錢」的產業結構

★ 「如果只有製作電影,而沒有自己旗下的發行商,那就必須仰
人鼻息,看發行商的臉色。光有獨特、具創意的創作者,其
實是不夠的。」

★ 「恐怕會被迫只能一直用同個主角來創作短篇作品。」

★ 「我一直認為,發展多角化經營才是拯救公司的正途。」

③ 為了喚起更多共鳴,對故事創作尤其講究

★ 「所謂的『共鳴點』,就是能讓觀眾聯想到潛意識裡熟悉事物
的某些元素。」

★ 「我深信在我們的組織當中,最核心的就是故事部門。畢竟沒
有好故事是不行的。」

★ 「因為故事是最重要的關鍵。」

認同他人的才華，並讓他們接受更大的挑戰

為實現自己的創意，華特對他人的才華給予最高敬意。

和華特擁有不同才華的人

我很佩服有才華的人！

才華洋溢的插畫家與笑料編劇

・設定遠大的目標
・呈現一流品質
・打造統一的「華特迪士尼」品牌

衝啊！

全力以赴！

你們一定做得到！

打造出最棒的作品吧！

拿出最好的品質！

要勇於挑戰！

父親伊萊亞斯是他的反面教材。
就是因為父親不懂得尊重別人的才華，事業才會一再失敗。

學習榜樣

華特在認識比自己更優秀的動畫師之後，便放下了畫筆。
想追求更大的成功，不妨多關注別人的才華。

擺脫「動畫工作室賺不了錢」的產業結構

多角化發展，以避免權利爭奪和過度依賴人氣角色。

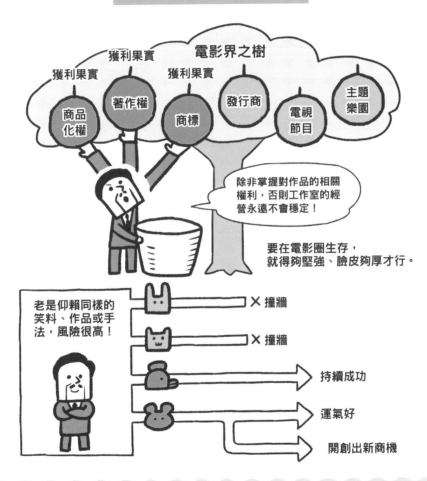

獲利果實　　電影界之樹

獲利果實　　獲利果實

商品化權　著作權　商標　發行商　電視節目　主題樂園

除非掌握對作品的相關權利，否則工作室的經營永遠不會穩定！

要在電影圈生存，就得夠堅強、臉皮夠厚才行。

老是仰賴同樣的笑料、作品或手法，風險很高！

╳ 撞牆

╳ 撞牆

持續成功

運氣好

開創出新商機

華特想方設法，還試過將世界名作改編成動畫系列，就是要避免創意枯竭。他也不會只仰賴單一作品。

學習榜樣

為了喚起更多共鳴，對故事創作尤其講究

用大人和小孩都能有共鳴的兩大元素：「主角」和「故事」當作武器。

一般人的想法

「圖會動」就是動畫的重點。

華特・迪士尼的想法

有特色、吸引人的主角，和完整的故事情節最重要。

動畫就是將這兩個元素化為武器的方法。

故事部門是迪士尼公司的核心

讓顧客聯想到自己熟悉的事物

青年時期製作過一份檔案，裡面都是編寫笑料用的靈感

學習榜樣

迪士尼最大的優勢，就在於他們以「贏得觀眾的共鳴」為目標。
越能贏得觀眾的共鳴，就越能成為一部雋永的作品。

創業家趣聞

完美主義有時會引發災難？

在貝班克*（Burbank）新建的工作室，竟因空調設計太完善，差點釀成窒息意外！

為因應公司規模日益壯大，華特親自操刀設計，在加州的貝班克蓋了新工作室。

STUDIO

設計圖

這都是為了員工著想！

為了打造理想的工作環境，華特自行規劃了一套空調系統。

員工

好棒

為了確保空調運轉效果，避免有人擅自打開窗戶，便將窗戶的把手全都拿掉。

空調定時設定在深夜關機。

啾……

搬到新辦公室一個月後，有一天，華特有事必須留在公司過夜。

由於環境實在太悶，好不容易才吸到新鮮空氣。

呼——喝

鏗嘟

華特到處找不到把手，最後還打破窗戶，不僅弄傷了手指，

* 貝班克（Burbank）位於美國加州，目前是迪士尼公司總部所在地。

Entrepreneur **7**

對製造充滿熱情,再加上積極開拓市場,成就最完美的夢想!

本田宗一郎
Soichiro Honda

▷ 本田技研工業股份有限公司創辦人

生於1906年,卒於1991年。1922年進入修車公司ART商會服務,1946年創辦本田技術研究所。1949年結識了日後成為本田公司副總經理的藤澤武夫,攜手催生出了「Super Cub」等全球熱賣車款,打開了本田在機車與汽車界的國際市場。

> 不受先入為主的成見圍限,才能走出活路!

邁向國際級企業的歷程

1949年8月,本田推出了「夢想號」(Dream)D型機車;1958年又推出不走高級路線、追求「如自行車般普及」的Super Cub,並創下全球最高產量紀錄。1959年,本田參加英國曼島TT賽車,並於同年成立美國本田汽車公司。1963年,本田推出第一輛四輪車款,小貨車T360。2019年12月,二輪機車累計生產量達四億台;截至2020年,本田在二輪機車市場為全球市占率第一,四輪汽車市場則為全球第七,已成為舉世聞名的企業。

成功故事

本田宗一郎幼時家貧,但天生就喜歡機器,所以一頭栽進ART商會修車廠服務後,得以充分發揮長才。本田對「獨創」充滿熱情,不願隨波逐流,搭配上藤澤武夫高明的「市場開創式」產品企劃與銷售能力,讓本田得以一路朝「國際級企業」的方向奔馳。

相關人物

藤澤武夫

副總經理

河島喜好

接班人

難題 Challenge

當年本田宗一郎只是個愛玩機器的小夥子，他是如何在戰後的混亂時期打造出國際級企業的呢？

解答 Solution

不僅是因為本田宗一郎對製造充滿了熱情，最重要的因素，是他懂得展望未來、未雨綢繆。

成功 POINT

① 不只有專長，還具備行動力，敢於抓住發揮專長的機會

★「他在雜誌上看到修車廠（ART商會）的招募廣告，便寫信拜託公司收他當學徒，並如願錄取。」

★「戰後，他接觸到日本陸軍用在通訊設備的發電機引擎，還製作了自行車的動力輔助產品，結果一推出就熱賣。」

★「我要挑戰英國曼島賽車！」

② 抱持絕對藍海思維，自行開創市場

★「再怎麼會修，也接不到東京、美國來的訂單。」

★「搭載E型引擎的夢想號是一款很成功的產品，但由於售價過高，無法普及。於是本田又想到要推出能在各地普及、足以取代自行車的機車。」

★「全世界第一款符合最新排氣規範，低汙染、低油耗的喜美（Civic），在全球大暢銷。」

③ 與不同類型的人合作，集結不同專長的作風

★「他的信念，就是不找那些和自己個性相同的人合作。」

★「一個難以與不同個性者共處的社會人士，恐怕是個沒什麼價值的人吧？」

★「連自己不擅長的事都想做，還真是個傻瓜。」

★「本田宗一郎幼時家貧，所以不是嫌貧愛富的人，有錢沒錢一律平等；又因為他年輕時到處受到打壓，所以觀念豁達、不拘小節，認為『要幫出頭鳥成長，而不是打地。』」

不只有專長，還具備行動力，敢於抓住發揮專長的機會

敢於一頭栽進自己擅長且有發展潛力的領域。

少年時期就愛玩機器的本田宗一郎（16歲）

這個看起來很有意思！

看到修車廠的招募廣告

寫信拜託 ART 商會收他當學徒

撲通！

修車領域

從零開始累積大量經驗（初嘗成功滋味）

1945 年（39歲）日本戰敗後，無所事事地思考了將近 1 年

我要找出自己擅長，社會上又有高度需求的領域！

撲通！

機車製造領域

戰後日本物資缺乏，無油可加。本田宗一郎先是做起了在自行車上加裝小型引擎的生意，後來又投入機車製造領域。

左鄰右舍都說他是個「遊手好閒仙人*」。（夫人本田幸女士所言）

* 日本民間故事。

學習榜樣

找到新鮮有趣的領域，就一頭栽進去累積經驗吧。
只是站在遠處旁觀，永遠不會成功。

抱持絕對藍海思維，自行開創市場

打造「普及商品」的藍海思維。

1951 年
打造出搭載 E 型引擎的夢想號
（機車還是高級品的時代）

太貴了！

那不是要賣給我的產品啦！

性能好、口碑佳，但價格太貴，賣不了太多。

來打造一款能在各地普及，足以取代自行車的機車吧！

1952 年
在自行車上裝有小型引擎的 cub F 型上市。重量只有 7 公斤，是其他同業產品的一半。推出後便在全日本熱賣！

好便宜喔！

自行車變得更方便了！

好輕啊，真不錯！

本田的強項，就是開創新市場。不妨先擱下現有顧客，規劃一些能吸引新顧客購買的商品吧。

學習榜樣

與不同類型的人合作，集結不同專長的作風

本田宗一郎的作風，就是與那些專長和自己不一樣的人共事。

我想和那些個性、能力都與我不同的人共事。

藤澤具備我所沒有的特質。

1949 年結識

財務和銷售就交給我吧！

延攬到本田擔任常務董事，後來擢升為副總經理

藤澤武夫

本田宗一郎與人合作的三大原則

找和自己個性、能力不同的人，發揮對方的特質	難以與不同個性者共處的社會人士，是個沒什麼價值的人	連自己不擅長的事都想做，還真是個傻瓜

如果只和特質相似的人共事，很難有突破性的成長。

學習榜樣

聽過亨利・福特的故事嗎？他說，越是懂得和擁有與自己不同長才的人合作，越能擴大自己的成功圈。

賢內助也同樣偉大

在毫無基礎知識的狀態下轉換事業跑道，全公司上下差點餓死。

公司業務要從修車廠轉成「活塞環製造」囉！

破釜沉舟！

28歲

話雖如此，

製造活塞環並沒有本田想像的那麼容易。

原來我缺乏鑄造的基礎知識，所以才行不通啊！

有50名工人要養，面臨生死交關的危機

於是拜託濱松高工（現靜岡大學工學院）指導。

從開始製造後，歷經9個月，才終於看到產品量產的曙光。

那些年還真是我這一生吃最多苦頭的時候啊～

感慨萬千

就是說啊！存款也都花光了，到最後連我手邊值錢的東西都拿去典當。

嚇！

夫人 本田幸

走過赤貧的童年，以實踐、謙虛與眾人之智，
不斷跨越難關，持續成長！

松下幸之助
Konosuke Matsushita

▷ Panasonic 股份有限公司創辦人

生於 1894 年，9 歲就到自行車店當學徒，16 歲時進入大阪電燈公司服務。在職期間，他深受前景無可限量的電力產業吸引，還以當時想到的新型插座自行創業（22 歲）。後來松下幸之助又跨越了重重難關，贏得「經營之神」的美譽。由於他曾多次罹病，故導入事業部制（Divisional Structure）等管理方法，以便充分運用員工的自主性和經營意識。

> 要讓熱賣商品長銷，
> 就必須不斷改良。

邁向國際級企業的歷程

1918 年，松下幸之助 23 歲時，創立了松下電氣器具製作所（現更名為 Panasonic）。公司一開始有四名員工，但因銷售不如預期，隨即縮編成兩人（太太和妻舅），製造雙燈座等創意商品，逐步擴大公司規模。1933 年，松下將總公司／工廠遷到現今大阪的門真市，並調整公司編制，改為三個事業部。1956 年推出五年計畫，標舉營收成長四倍的目標（220億日圓→ 800 億日圓）。松下幸之助曾五度登上日本富豪排行榜榜首，而松下電器旗下的國際牌（National）家電量販店，在日本全國曾一度擁有逾兩萬七千家銷售據點。

成功故事

生於和歌山縣的小望族家庭，但4 歲時，父親因為玩期貨破產，輸掉了所有財產，全家生活便得一貧如洗。之後家人相繼罹病過世，松下幸之助也在 9 歲時去當學徒，可說是吃盡了苦頭。後來，他投身「電力」這個新興產業，並於不久後創業。儘管日本戰敗讓他的事業一度受到重創，所幸戰後又大獲成功。

相關
人物

井植歲男

高橋荒太郎

專務董事、妻舅

副總經理

難題 Challenge

少年時期的松下幸之助，原本只是自行車店的學徒，為什麼他後來能克服重重難關、功成名就，還贏得經營之神的美譽？

解答 Solution

他有智慧，敢於投入社會需要的產業，心中更對回到赤貧生活深感恐懼。這兩個元素，讓他在成功之後仍持續追求進步，不驕傲自大。

成功 POINT

① 因父親投資米糧期貨失利，財產化為烏有，全家陷入赤貧與悲劇

- ★「在家裡最貧窮的時候，三個孩子相繼過世，我父母在精神上、經濟上都大受打擊。」
- ★「父母非常溺愛我，似乎是把所有的期待，都託付在我這僅剩的兒子身上。」
- ★「留在五代＊的話，總有一天應該可以自己出去開店（中略），但我無法滿足於那樣的未來藍圖。」

② 光靠製造方的一廂情願，產品是賣不出去的，要吸引市場的關注！

- ★「在創業初期，他學到了一件事：光是品質比市場上現有的商品好一點，或是價格稍微低一點，是吸引不了大眾關注的。（中略）因此松下幸之助認為，品質要比標準產品高出30％，價格則要便宜30％，才是理想的產品。」
- ★「大家都說那種燈賣不出去，松下幸之助很沮喪、很憤慨，甚至無法直視前方。」

③ 定期擬訂遠大目標！

- ★「設想1960年的藍圖時，一定得設定積極搶攻市場的營收目標才行（中略）。於是松下幸之助提出一個想法：要在五年內，讓營收成長四倍。」
- ★「為了撼動那些置身在輕鬆愜意、照章辦事環境裡的人，並引導眾人集思廣益，松下幸之助把『遠大目標』和『值得讚揚的理想』串聯在一起。」

＊ 松下幸之助10歲時曾在五代自行車商會工作，直到15歲才轉換跑道。

因父親投資米糧期貨失利，財產化為烏有，全家陷入赤貧與悲劇

童年的赤貧、悲劇和父母的愛，化為他對成功的渴望。

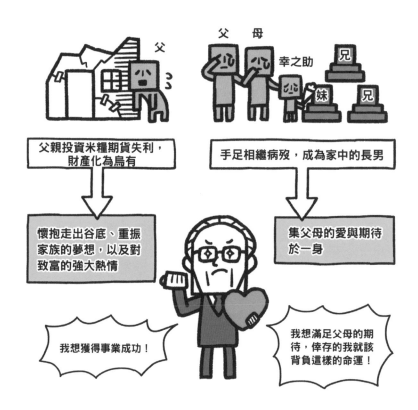

父

父　母

幸之助

兄

妹

兄

父親投資米糧期貨失利，財產化為烏有

手足相繼病歿，成為家中的長男

懷抱走出谷底、重振家族的夢想，以及對致富的強大熱情

集父母的愛與期待於一身

我想獲得事業成功！

我想滿足父母的期待，倖存的我就該背負這樣的命運！

學習榜樣

儘管童年籠罩在赤貧和悲劇的陰影下，父母仍然很關愛他，為少年時期的松下幸之助培養出一顆堅強的心。

光靠製造方的一廂情願，產品是賣不出去的，要吸引市場的關注！

8

空有好產品還不夠！
要吸引市場關注，做出差異化！

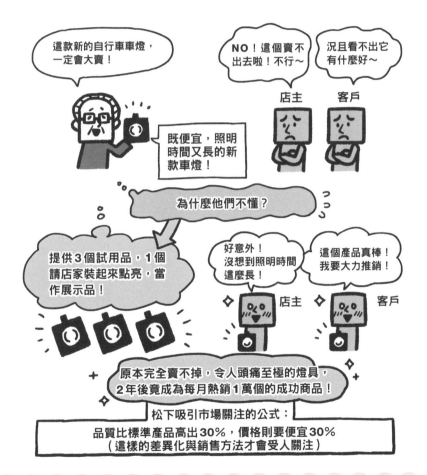

這款新的自行車車燈，一定會大賣！

NO！這個賣不出去啦！不行～

況且看不出它有什麼好～

店主　客戶

既便宜，照明時間又長的新款車燈！

為什麼他們不懂？

提供3個試用品，1個請店家裝起來點亮，當作展示品！

好意外！沒想到照明時間這麼長！

這個產品真棒！我要大力推銷！

店主　客戶

原本完全賣不掉，令人頭痛至極的燈具，2年後竟成為每月熱銷1萬個的成功商品！

松下吸引市場關注的公式：

品質比標準產品高出30%，價格則要便宜30%
（這樣的差異化與銷售方法才會受人關注）

「性能夠好，就賣得出去」是製造方的一廂情願。引人矚目的差異化與銷售方法，才是成功銷售不可或缺的元素。

學習榜樣

定期擬訂遠大目標！

積極搶攻市場，
就是松下幸之助撼動衆人的力量。

No.1!

不能安於現狀，要邁向下一個成功！

員工

不放任員工怠惰，鼓勵他們迎向下一個挑戰

現狀

更遠大的目標
值得讚揚的理想

遠大理想

少了你，我們就無法成功。拜託了！

真開心！拼了！

太感恩了！我會努力！

下屬

下屬

松下幸之助
驅動人心的三種能力

| 擬訂目標，以撼動那些置身在輕鬆愜意、照章辦事環境裡的人，讓他們動起來。 | 引導眾人集思廣益，讓每個人都成為主角的領導力。 | 讓每個見過面的人都萌生感恩之情，覺得自己很重要。 |

學習榜樣

人很容易受到惰性擺布。定期擬訂遠大的新目標，跳脫當下的安逸吧！

創業家趣聞

連重大危機都能逆轉勝的男人

賭上公司前途研發的自行車電池車燈，完全不受肯定，松下幸之助已走投無路！

Entrepreneur

9

井深大的「說服工程」能激發工程師的幹勁；
跑遍全球兜售商品的盛田昭夫，則具備敏銳特質！

井深大 & 盛田昭夫
Masaru Ibuka & Akio Morita

▷ 索尼集團股份有限公司共同創辦人

井深大（1908年生）和盛田昭夫（1921年生）是索尼的共同創辦人。1946年，井深大創立東京通信工業公司（即後來的索尼），曾推出磁帶式錄音機、電晶體收音機等商品，讓一家原本只有幾名員工的小公司，發展成全球知名的索尼品牌與事業。

> 不跟風模仿同業，懷抱「成為領航者」的勇氣，是至關重要之事。

邁向國際級企業的歷程

成立於1946年的東京通信工業，是索尼公司的前身。井深大負責技術，而稍晚加入團隊的盛田昭夫負責業務。1958年，公司商號改為SONY，公司名稱改為索尼股份有限公司。索尼曾推出電晶體收音機、映像管彩色電視和隨身聽等風靡全球的商品，目前更跨足遊戲、金融和電影等產業，發展多角化經營。

成功故事

當年在戰後的一處小工廠起家，同時開發「會暢銷的產品」和「具挑戰性且會暢銷的產品」，為現在的跨國企業索尼奠定了一路成長壯大的基礎。井深大擬訂的成立宗旨書，以揭櫫高度的理想主義而聞名。

相關
人物

岩間和夫

第4任總經理

大賀典雄

第5任總經理

難題 **Challenge**

為什麼索尼可以接連推出全球首創、日本首創的發明和產品，還發展成跨國企業呢？

解答 **Solution**

因為井深大在管理上講求開發原創產品，又懂得激發工程師的幹勁，盛田則對銷售十分敏銳，索尼正是結合了兩人特質的企業。

成功 **POINT**

① 能打動消費者、吸引工程師的開發概念

★「在一場研發同仁共同出席的會議當中，井深提出：『是不是應該打造一台夠明亮的彩色電視機，讓民眾可以邊吃晚飯邊看？』簡明易懂地揭示了目標。」（當年的舊型彩色電視機，要把屋內光線調暗才看得到畫面。）

② 哪些人最能明白這項產品的價值？

★「大家都很欣賞這部機器，卻沒人表示購買意願。眾人異口同聲：『機器本身的確很有意思，可是就一個玩具而言，實在是太貴了。』」

★「要賣磁帶式錄音機，就必須分辨哪些個人或機構能明白這項產品的價值。」

③ 打造一個能突破未知挑戰的組織

★「不去努力開創市場，只會踩進別人建構的市場，除了降價破盤，別的什麼都不會。這種典型的日本商業模式，已經讓我們學到很多教訓了。」

★「哪些人才參與團隊，決定了事情成敗。此外，為了讓團隊認真投入，就該打造一個適合成員的組織，而不是先設立組織，再把人填進去。」

能打動消費者、吸引工程師的開發概念

以「改變消費者的生活」爲基礎，發展出高明的「概念擬訂」能力。

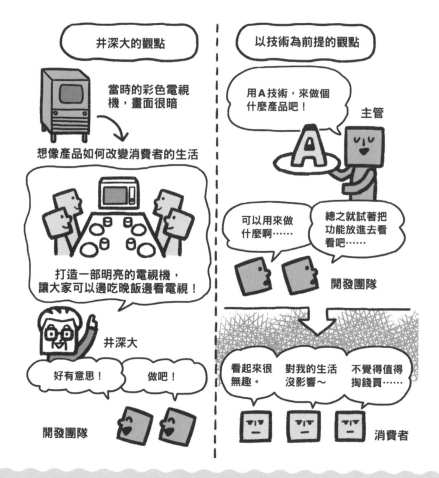

「如何改變民眾的生活？」以這樣的概念來企劃商品，研發團隊就能勾勒出更具體的想像，也能吸引更多消費者。

哪些人最能明白這項產品的價值？

認清哪些人能明白產品價值， 正是成功關鍵。

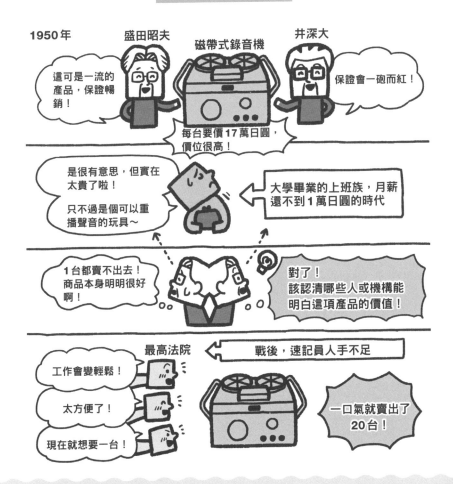

1950年　盛田昭夫　磁帶式錄音機　井深大

這可是一流的產品，保證暢銷！

保證會一砲而紅！

每台要價17萬日圓，價位很高！

是很有意思，但實在太貴了啦！

大學畢業的上班族，月薪還不到1萬日圓的時代

只不過是個可以重播聲音的玩具～

1台都賣不出去！商品本身明明很好啊！

對了！該認清哪些人或機構能明白這項產品的價值！

最高法院　戰後，速記員人手不足

工作會變輕鬆！

太方便了！

現在就想要一台！

一口氣就賣出了20台！

「誰會給這項產品好評？」先想清楚這一點，就知道產品該怎麼賣。
如果有人想立即擁有，那就把商品送到這些人面前去。

學習榜樣

打造一個能突破未知挑戰的組織！

如何打造一個
能突破未知挑戰的組織？

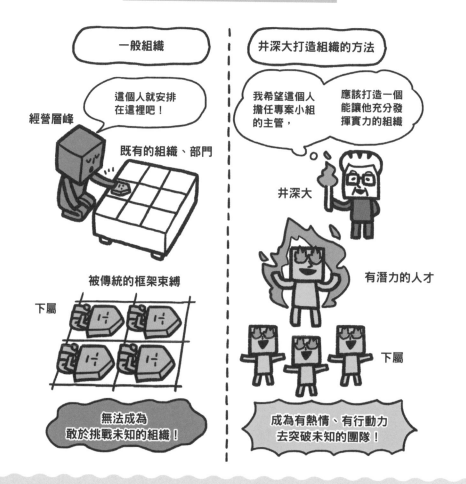

一般組織

井深大打造組織的方法

這個人就安排在這裡吧！

我希望這個人擔任專案小組的主管，

應該打造一個能讓他充分發揮實力的組織

經營層峰

既有的組織、部門

井深大

有潛力的人才

被傳統的框架束縛

下屬

下屬

無法成為
敢於挑戰未知的組織！

成為有熱情、有行動力
去突破未知的團隊！

學習
榜樣

打造能發揮個人優勢的組織。要讓團隊成員充分發揮才華、激發強烈的熱情，才能發展出勇於突破未知的組織。

讓員工填飽肚子的「第 1 號失敗產品」

研發失敗的電鍋和白米飯，以及暢銷電毯的驚險意外。

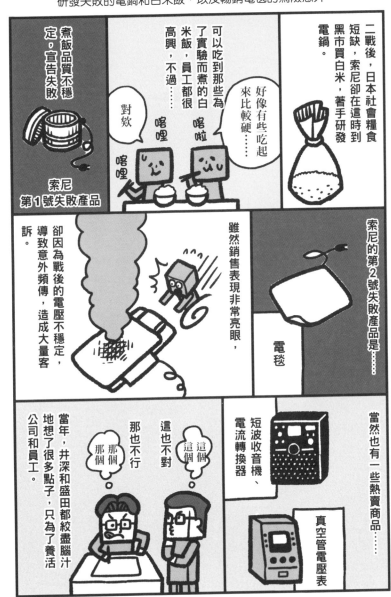

二戰後，日本社會糧食短缺，索尼卻在這時到黑市買白米，著手研發電鍋。

好像有些吃起來比較硬……

可以吃到那些為了實驗而煮的白米飯，員工都很高興，不過……

對欸

喀啦

喀哩
喀哩

煮飯品質不穩定，宣告失敗

索尼
第1號失敗產品

索尼的第2號失敗產品是……

電毯

雖然銷售表現非常亮眼，卻因為戰後的電壓不穩定，導致意外頻傳，造成大量客訴。

當然也有一些熱賣商品……

短波收音機、電流轉換器

真空管電壓表

當年，井深和盛田都絞盡腦汁地想了很多點子，只為了養活公司和員工。

這也不對

那也不行

這個
這個

那個
那個

Entrepreneur

第**3**章

1970-1990
消費擴大時代
の
創業家

中產階級增加，開啟了富裕的消費時代。
企業要把更優質的服務提供給更多民眾。
這是個全球遍地開花的豐饒時代。
就在新產業揭開序幕之際，有一群創業家抓住了機會。
他們如何洞察時代？現在就來看看！

50 多歲還在不斷精進的業務員，
終於找到最棒的商品，成為超級富豪！

雷・克洛克

Ray Kroc

▷ 麥當勞公司創辦人

生於 1902 年，少年時期就很愛作夢，不愛讀書，但擁有卓越的執行力。克洛克不斷投入創意巧思，在業務工作上發展得相當成功。面對機會，他願意拋棄安穩的生活，懷抱滿腔熱情投身其中。和麥當勞兄弟簽約時，他已經52歲。

堅持到底！
這個世界最有價值的
東西，莫過於堅持。

成功故事

出生於平凡家庭的克洛克，少年時懷抱著成功夢。高中輟學後，白天當業務員，晚上兼職演奏鋼琴，對工作相當熱衷。在幾家企業當了多年業務員之後，克洛克選擇自立門戶，銷售奶昔機。就在這時，他因緣際會來到麥當勞兄弟開的餐廳，讓他日後在全球成功開創出一番事業。

邁向國際級企業的歷程

1955 年，雷・克洛克用他向麥當勞兄弟買下的加盟權，開了麥當勞的第一家門市。1961年，更向麥當勞兄弟買下整個麥當勞的經營權。1963 年，克洛克在全美開了110家新門市；1976 年，門市總數達到4,000家；第5,000家門市選擇開在日本。目前麥當勞在全球已有逾37,000家門市，是龐大的速食連鎖品牌，分布在美國（14,000家）、日本（約3,000家）和中國（2,400家）等地。其中，日本是全球麥當勞第二多的國家。

麥當勞兄弟
（McDonald brothers）

哈利・索恩本
（Harry Sonneborn）

相關
人物

餐廳創辦人

財務長

難題 Challenge

克洛克在業務工作上已相當資深，為什麼能在 50 多歲時毅然轉換跑道，還在全球成功開創事業？

解答 Solution

不論到了什麼年齡，他都把自己當作「不成熟」的個體，為邁向新成就而發揮巧思，而且一定會找出下個目標。

成功 POINT

① 在自己的優勢外圍，發現新機會！

★「所謂的『難以置信』，就是訂單從全美各地湧入，紛紛表示想購買加州某家店使用的同款奶昔機。」

★「我覺得很自豪，彷彿自己是個超強投手，沒人打得到我投的球。這是我看過最棒的一門生意了！」

② 在草創之初，只聘用正確人才

★「哈利提出了一個建議，說要成立連鎖房地產公司。這是我從沒想像過的絕妙點子。」（哈利・索恩本在1955年加入麥當勞公司，就是他想到把麥當勞的展店業務和不動產事業綁在一起，並轉成巨型事業。當年他先辭掉了其他公司的副總經理，才進入麥當勞，協助擬訂財務、發展策略，直到1960年代後期才離職。）

③「讓顧客成功」是做生意的基本心法

★「克洛克原本是推銷紙杯的業務員，後來又做奶昔機的獨家銷售，過程中都沒有被『惰性』打倒。他這個人就是每當小有所成時，都會再想像『下一次成功』，一年365天都在追尋新的成長機會。」

★「在麥當勞總部，每一面牆上都掛著標語牌，上面寫著『腳步一停下，生意就完蛋。隨時自省，追求成長。』」

在自己的優勢外圍，發現新機會！

業務達人克洛克
找到了最棒的商品。

雷‧克洛克的成功，
來自於勇敢踏入業務領域的「外圍」，
找到屬於自己的機會。

巨大的機會，其實就在你我的「外圍」。不妨用心找找，看有什麼機會可以結合自己的能力，創造出絕佳成果！

在草創之初，只聘用正確人才

10

在草創之初，只聘用正確的人才，
並採納他們的意見。

坦然接受他人的中肯意見，才得以大獲成功！

巨大成功

招攬優秀人才
採納精闢意見

把麥當勞的展店業務，和不動產事業結合起來吧！

哈利·索恩本
曾在其他企業擔任副總經理，1955年進入麥當勞服務。協助擬訂了麥當勞早期的財務與發展策略。

克洛克早期所發展的加盟權銷售事業，幾無獲利可言。
是哈利·索恩本翻轉了當時的窘境。

起步階段能否找到正確的人才參與，足以左右成敗。

學習
榜樣

「讓顧客成功」是做生意的基本心法

「讓顧客成功，就是自己的成功！」
這是克洛克的信念。

雷‧克洛克是天生的創意人，
隨時都在追求新的成功與成長。

學習榜樣　只要讓你的顧客成功，保證你自己也會成功。

看到機會就全力衝刺！

看到機會就坐立難安，因而簽下不利合約，屢屢後悔不已。

Entrepreneur 11

讓員工不再只會坐等指示、領死薪水，
實踐「人人懷抱企業家意識」的經營哲學！

稻盛和夫

Kazuo Inamori

▷ 京瓷股份有限公司創辦人

1932 年生。20 多歲時憑藉陶瓷技術創立京都陶瓷（也就是現在的「京瓷」）。稻盛和夫雖是工程師，但從零開始鑽研經營，催生出「阿米巴經營」等卓越的經營管理法。2012 年，他成功讓日本航空走出谷底、重獲成長，這段佳話也十分有名。著作等身。

> 企業家要具備足以洞察人心的卓越能力。

邁向國際級企業的歷程

1959 年創設京都陶瓷股份有限公司。1968 年在美國成立辦事處。1969 年新設鹿兒島工廠。1971 年於大阪證券交易所二部上市。1975 年，投入太陽能電池的研究（日本太陽能公司）。1984 年參與創設第二電電，至 1986 年為止專職擔任京瓷公司董事長。2001 年，京瓷集團營收突破一兆日圓。

成功故事

稻盛和夫原本是研究「新型陶瓷」這種新材料的年輕研究者，後來自立門戶，從只有七人的小公司，發展成東證一部＊上市、年營收逾一兆五千億日圓的知名企業。日本現在的大型電信商 KDDI，前身是「第二電電」，當年也是稻盛和夫所創辦。他的經營哲學不僅在日本大受歡迎，連在中國等地也廣受各界支持。

＊ 東京證券交易所簡稱「東證」，上市公司股票分為市場一部與市場二部。東證一部相當於東京股市大盤，主要由大型公司股票組成。

相關人物

伊藤謙介

創業元老

森田直行

京瓷副董事長

難題 Challenge

當年稻盛和夫只是工程師，在完全不懂經營管理的情況下自立門戶，為什麼還能孕育出世界級的大企業？

解答 Solution

稻盛和夫發現企業裡有一種扭曲的現象，那就是「企業家和勞工的立場不同，對責任的想法也不同」，於是催生出了以「全員參與經營」為目標的「阿米巴經營」管理法。

成功 POINT

① 小團體形式的組織管理（阿米巴經營）

★「阿米巴經營有三個目的：①確立與市場直接連動的部門別損益制度。②培養具企業家意識的人才。③實現『全員參與經營』。」

★「細分損益單位，不僅能將企業組織的損益細節看得更清楚，還能提高團隊成員的企業家意識。」

★「我向來都認為，所謂的企業家，需要具備足以洞察人心的卓越能力。」

② 勤於培育人才，才有跨足新事業的本錢

★「在啟動一項新事業時，我總是秉持『人才是事業的根本』這個觀念。因此，我從不曾只因為『有商機』就發展新事業。」

★「如果公司內部沒有合適人選，但外部有理想人才時，也要等到對方願意來公司服務，我才會跨足新事業。」

③ 訂定「顧客樂於掏錢」的最高售價

★「業務員的使命，就是要看出顧客會說『這個價錢沒問題』，並樂於掏錢買下的『最高售價』是多少（中略）。若價錢再提高，訂單就會跑掉。業務必須精準地命中壓線得分的那一點才行。」

★「價格訂定是攸關經營成敗的問題，主管一定要繃緊神經、全神貫注才行。」

小團體形式的組織管理（阿米巴經營）

讓員工懷抱「企業家意識」的阿米巴經營。

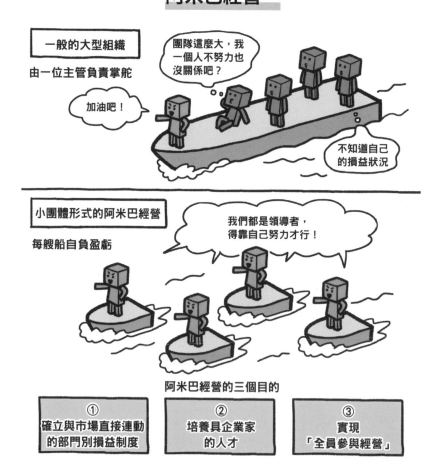

一般的大型組織

由一位主管負責掌舵

團隊這麼大，我一個人不努力也沒關係吧？

加油吧！

不知道自己的損益狀況

小團體形式的阿米巴經營

每艘船自負盈虧

我們都是領導者，得靠自己努力才行！

阿米巴經營的三個目的

① 確立與市場直接連動的部門別損益制度	② 培養具企業家的人才	③ 實現「全員參與經營」

學習榜樣

人一多，責任感與主體性就會轉淡。只要杜絕這種情況，就能打造出持續成長的組織。

勤於培育人才，才有跨足新事業的本錢

11

經營之神
稻盛和夫

「有適任人選」
是啓動新事業的絕對條件。

傑出人才、
適任新事業的人選

商機

YES!

NO!

衡量的「判斷標準」

衡量的「判斷標準」

運用「阿米巴經營」
法，公司裡的傑出人
才就會越來越多，

事業版圖也能隨之擴大！

不能只因為有商機就
急著發展新事業！

積極培育人才吧！各項職務都有適合的人才，公司業務才能開展。

學習
榜樣

訂定「顧客樂於掏錢」的最高售價

價格訂定是
攸關經營成敗的關鍵。

貴到賣不出去
的價格

鎖定可以壓線得分
的最高價格。

顧客樂於掏錢
買下的最高價格

過低的價格

值得用最高價格賣給顧客
的原因,也要仔細考量~

壓低價格當然
就賣得好~

學習
榜樣

公司必須獲利。因此,訂定出顧客樂於掏錢的最高售價,就是所謂的經營。

創業家趣聞

痛苦煎熬的經驗，才能帶來蛻變

創業第2年，公司錄用的10名員工竟帶著血書來表達訴求。

具備「承認問題」的坦然，以及渴求成長的強大熱情！

傑克・威爾許

John Francis Welch Jr.

▷ 奇異電氣第8任執行長

1935 年生。取得博士學位後，進入奇異（GE）公司服務，隸屬於較獨立的塑膠部門，年紀輕輕就被委以重任。他愛競爭的個性，以及願意承認問題的坦然，讓他在 1981 年獲擢升為奇異的執行長，還曾大刀闊斧地縮編組織。

> 被逼到窮途末路之前，就要搶先主動改變，掌控自己的命運！

邁向國際級企業的歷程

1960 年代，威爾許擔任塑膠部門主管，業績表現亮眼。他的績效以及他那熱愛挑戰的個性，使得他在 1981 年獲擢升為奇異公司最年輕的執行長。他出售那些無法在市場上成為頂尖的事業部門，大刀闊斧調整企業方向，並實施大規模裁員。2001 年卸下執行長職務時，他在經營績效上交出了營收成長 5 倍、總市值翻漲 30 倍的成績，還成功跨足金融等新事業，讓奇異再度步上成長軌道。另一方面，任內總計裁員近 17 萬人的紀錄，也引發熱議。

成功故事

出生於中產階級家庭，父親是火車車掌，母親很注重教育，培養出了威爾許的「獨立心」、「自信心」和「好勝心」。擁有化工博士學位的威爾許，藉著改善塑膠部門業績的機會，爬上奇異公司的層峰，還推動了大刀闊斧的改革。

雷金納德・瓊斯
（Reginald Jones）

傑佛瑞・伊梅特
（Jeffrey Immelt）

相關人物

前任執行長

接班人

難題 Challenge

成長一度停滯的龐大企業奇異，為什麼能開創出嶄新成長軌道？

解答 Solution

虛心承認問題的坦率態度，震撼了這個龐大的組織；
勇於切割缺乏競爭力的事業，展現了威爾許的膽識。

成功 POINT

① 先承認問題與失敗，才會開始創新和進步

★「人在否定現實的同時，也將無法掌控自己的命運。」

★「不處理那些無法正視事實的幹部，就會讓情況更加惡化。」

② 聚焦奇異可以發揮優勢的領域，徹底提升競爭力

★「有些人說我害怕競爭，其實我認為我的工作之一，就是要把
心力集中投注在可以發揮優勢的市場，避免捲入那些競爭激
烈的領域。」

★「威爾許訂下了可以高於平均成長的『三個策略圈』，分別是
『服務事業』、『核心事業』與『技術事業』。」

③ 龐大組織奇異裡的三大權限：監察、媒體和學校

★「當時員工人數約有40萬，威爾許認為自己有必要直接掌握所
有員工。」

★「在奇異，『學校』當時是由吉姆·鮑曼掌管（中略），也就
是克羅頓維爾（Crotonville）經營開發研究所；『媒體』則是
從幹部的演講，到發給員工的出版品、年報等都包括在內。
至於相當於監察組織的單位（中略），是掌管資金調度的策
略計畫和財務同仁。」

先承認問題與失敗，才會開始創新和進步

**絕不縱容那些
不肯承認問題與失敗的幹部。**

患有「大企業病」的主管

我才不會承認
自己失敗！

自尊心

失敗

我才不想挑戰，會在
我的資歷留下汙點！

職稱
資歷

殘酷的
現實

絕不縱容那些不敢
面對問題的幹部！

咚！

革命

唯有敢於面對問題和失敗的人，才能創造改變。

學習榜樣

不肯承認問題與失敗，就不可能成長。這就是最典型的「大企業病」。千萬別縱容這樣的幹部，要為組織營造繃緊神經的氣氛。

聚焦奇異可以發揮優勢的領域，徹底提升競爭力

專注發展奇異
有所優勢的領域。

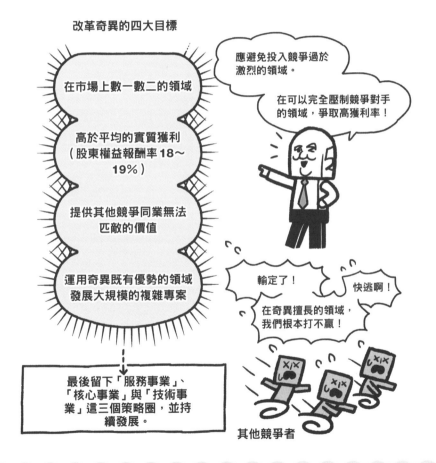

改革奇異的四大目標

- 在市場上數一數二的領域
- 高於平均的實質獲利（股東權益報酬率18～19%）
- 提供其他競爭同業無法匹敵的價值
- 運用奇異既有優勢的領域發展大規模的複雜專案

應避免投入競爭過於激烈的領域。

在可以完全壓制競爭對手的領域，爭取高獲利率！

輸定了！

快逃啊！

在奇異擅長的領域，我們根本打不贏！

最後留下「服務事業」、「核心事業」與「技術事業」這三個策略圈，並持續發展。

其他競爭者

釐清自家公司能發揮所長的戰場在哪裡，再進一步強化公司在該領域的優勢。

學習榜樣

龐大組織奇異裡的三大權限：
監察、媒體和學校

掌握奇異的三大權限，
以驅動龐大的企業組織。

> 為了讓反抗勢力徹底放棄，我要把奇異的三大權限運用到極致！

奇異的克羅頓維爾 經營開發研究所	幹部的演講、內部 出版品和年報等	決定資金調度的策略 計畫和財務同仁
學校	媒體	監察

新目標與組織改革

反抗的幹部			反正沒什麼大 不了的啦！
無視命令	延後執行	刻意搞砸	

不行了，快逃啊！　　無法再繼續反抗下去了！　　只能服從了！

學習
榜樣　　為了讓新政策更有效地普及、扎根，應從多個起點開始行動。

不隱瞞問題，公司才得以大展鴻圖

奇異在大刀闊斧執行改革的過程中，陸續有幹部失去信心（也有人因此發奮努力）。

Entrepreneur

13

以充滿渲染力的咖啡文化做為武器，
不斷追求自我創新，終於大獲成功！

霍華・舒茲

Howard Schultz

▷ 收購星巴克後出任執行長一職

生於1953年，曾於全錄（Xerox）與日用品公司任職。1982年進入當時只有4家店的星巴克任職，後因與公司意見不合，於1985年自立門戶。兩年後，舒茲收購了星巴克，成為董事長兼執行長。他憑著行動力、對成長的渴望，以及延攬優秀人才的能力，帶領星巴克發展成為世界級的義式咖啡連鎖店。

> 很多創業者，直到最後都無法轉型成經營專家。

邁向國際級企業的歷程

星巴克最早其實是由三位合夥人在1970年代初期創立，但當初並沒有快速擴張的規劃。是舒茲讓星巴克轉型，從原本的咖啡豆專賣店，蛻變成品嘗義式咖啡的咖啡館。由於舒茲早就有在全美展店的想法，便向投資人募資，因此成功收購了星巴克，同時也快速展店。至1996年，星巴克在美、加兩國合計已有逾1,000家門市；2019年，在全球突破31,200家門市，光是日本就有逾1,500家，是超級大型連鎖品牌。

成功故事

舒茲出生在貧窮家庭，12歲就開始送報貼補家用。所幸母親的教育，讓他擁有一份自負和「勝利到手前絕不放棄」的堅強。後來，舒茲找到「星巴克」這個未來可期的新苗，他不斷自我創新，從夢想家變成創業家、企業家，發展出一番相當成功的事業。

傑拉德・鮑德溫
（Gerald Baldwin）

大衛・歐森
（Dave Olsen）

相關
人物

創辦人

董事

難題 Challenge

原本對咖啡完全外行的舒茲，究竟是怎麼把他和星巴克的機緣，發展成世界級的成功事業？

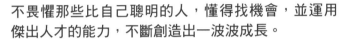

解答 Solution

不畏懼那些比自己聰明的人，懂得找機會，並運用傑出人才的能力，不斷創造出一波波成長。

成功 POINT

① 貧窮的童年，培養出不服輸的個性以及旺盛的企圖心

★「隨著年紀漸長，我與父親開始意見相左，我也越來越受不了沒用的爸爸。我覺得只要他有心，一定可以做得更好。」

★「我在漢馬普拉斯（Hammarplast）百貨公司任職時，有過一次很奇妙的經驗。1981年，有一家位在西雅圖的零售商，大量訂購了某一款滴濾式咖啡機（中略）。這種小公司，咖啡機竟然買得比梅西百貨（macy's）還多。」

② 「自我創新」才是創業家最大的障礙！

★「越是成功的創業家，越需要自我改革。」

★「必須全盤重新檢視既往的管理體系，才能運用機會。很多創業家後來跟不上時代，都是在這個階段受挫。」

★「當公司成長到某個階段，創業者也必須蛻變成經營專家才行。」

③ 要拓展事業，就要有新的文化

★「看著義大利的咖啡廳，我才領悟：原來星巴克忽略了很重要的東西。我覺得這個問題嚴重至極！星巴克忽略了與顧客之間的連結。」

★「透過引進義大利的正宗咖啡文化（中略），星巴克不會只是一家出色的零售商，而是可以成為偉大的領航者。」

貧窮的童年，培養出不服輸的個性以及旺盛的企圖心

勤奮卻老是失敗的父親，和不斷鼓勵舒茲，說他一定會成功的母親。

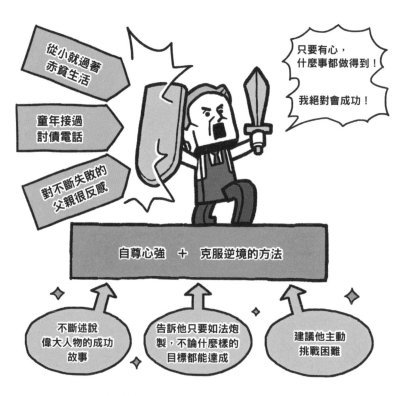

從小就過著赤貧生活

童年接過討債電話

對不斷失敗的父親很反感

只要有心，什麼事都做得到！

我絕對會成功！

自尊心強 ＋ 克服逆境的方法

不斷述說偉大人物的成功故事

告訴他只要如法炮製，不論什麼樣的目標都能達成

建議他主動挑戰困難

舒茲媽媽給他的三大教育。

學習榜樣

父母給子女最好的禮物，就是讓孩子願意相信自己「只要有心就能成功」的強大信心。

「自我創新」才是創業家最大的障礙！

**很多創業者，
直到最後都無法轉型成經營專家。**

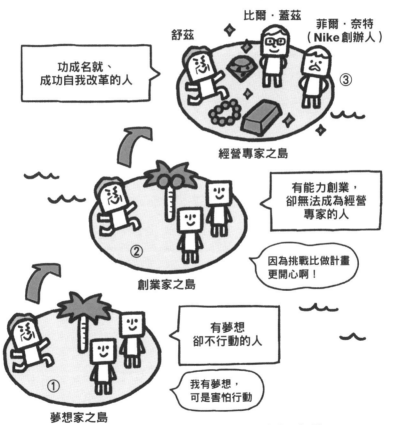

比爾·蓋茲

舒茲

菲爾·奈特
（Nike創辦人）

功成名就、
成功自我改革的人

③

經營專家之島

有能力創業，
卻無法成為經營
專家的人

因為挑戰比做計畫
更開心啊！

②

創業家之島

有夢想
卻不行動的人

我有夢想，
可是害怕行動

①

夢想家之島

創業家的特質，和經營專家大不相同。
創業家必須克服自己的特質，熬過辛苦的自我創新。

要追求更巨大的成功，就必須力行自我創新，從純粹的夢想家，化
身為創業家，再蛻變成經營專家。

學習
榜樣

要拓展事業，就要有新的文化

星巴克的商品不是咖啡，
而是迷人的文化。

深入人們生活的迷人文化，才是我們販售的商品。

Nike 開創了「球鞋和運動鞋是高級品」的文化。

星巴克的商品

義式咖啡的文化
交流的空間
自在、高品質的體驗

文化

打造有傳播力的文化，是事業成長最有力的武器。

學習
榜樣

要拓展事業，就要引進新的文化。
優質的文化，會改變大眾的生活。

寒冷的日子，最適合喝杯熱咖啡

在天寒地凍的芝加哥，星巴克因為選址失誤，不幸在幾年後倒閉。

門市開在鬧區的精華地段，

感動

舒茲在芝加哥開了當地第1家星巴克門市。

1987年

每到冬天，多數人只會去那些不必走出大樓，就能光顧的店家。

舒茲等人當時還沒領教過芝加哥的冬天有多可怕。

好冷……

COFFEE SHOP　COFFEE　STARBUCKS

後來，星巴克終於在芝加哥打開知名度，

這家店沒幾年就倒閉了。

1990年代起，逐步爬上成功階梯。

Entrepreneur

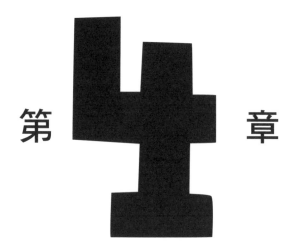

第 4 章

1990-2000
資訊科技誕生時代
の
創業家

個人電腦問世，「一切都在改變」的資訊社會，就此揭開序幕。
足以顛覆傳統產業的技術創新，催生出龐大的全新產業。
本章要介紹這些改變世界的創業家一路走來的奮鬥拚搏。

Entrepreneur
14

透過產品的「使用授權」創造財富，深諳稱霸市場的使力之道！

比爾・蓋茲
Bill Gates

▷ 微軟公司共同創辦人

生於 1955 年，父親是律師，母親是老師。蓋茲擁有編寫程式的才華與遠見，藉著「賣授權」的手法，銷售多款如今已成為國際標準的電腦軟體產品。他聚焦發展電腦軟體，將微軟打造成一個人人都需要的軟體帝國，並長期穩坐全球首富寶座。

> 貫徹對勝利的堅持！

邁向國際級企業的歷程

1975 年，比爾・蓋茲與保羅・艾倫共同創辦了微軟公司。他們不僅為 MITS（微儀系統家用電子公司）的 Altair 提供了專用的 BASIC 授權，也為 IBM 提供作業系統，營收一口氣大爆發。1978 年，日本電腦雜誌出版社 ASCII 的西和彥赴美拜訪微軟，成為微軟產品在日本的總代理商。由於當初與 IBM 簽署的授權內容允許微軟將作業系統賣給其他業者，因此即使 IBM 業績衰退，微軟仍持續在全球拓展市場，還跨足 Office 等應用軟體。而比爾・蓋茲則是自 1994 年起，連續 13 年蟬聯全球首富寶座。

成功故事

早在電腦發展之初，還是國中生的比爾・蓋茲就相當投入。後來他與保羅・艾倫共同創辦了微軟公司，為 IBM 暗中研發的個人電腦提供了作業系統的授權，事業一飛沖天。而 Windows 和其他應用軟體的成功，更將蓋茲推上了全球首富的寶座。

相關
人物

保羅・艾倫
（Paul Allen）

共同創辦人

史蒂夫・鮑曼
（Steve Ballmer）

接班人

難題 Challenge

在電腦產業的萌芽期，投入其中的參與者不計其數。為什麼比爾‧蓋茲能一枝獨秀，成功崛起？

解答 Solution

他提出了不賣軟體的「所有權」，而是「由公司掌握軟體所有權，授權客戶使用」的合約模式，帶領公司步上獲利之路。

成功 POINT

① 「當律師的父親」是一大武器

★ 「1975年7月，比爾‧蓋茲委託父親和在地律師，擬訂了一份和MITS簽署的正式合約。」

★ 「我更堅定了這樣的想法：和我談話的這號人物（蓋茲），是一位法律專家，比我以往見過的任何一位律師都還要傑出；他還是一位軟體工程師，比我的功力更高出好幾級。」

② 銷售「升級版」的使用授權，策略高明

★ 「保羅的行動力拯救了微軟。關鍵在於我們買斷了『86-DOS』的所有權，而不是只拿到使用權（出借權）。因為這樣，微軟才得以自由改良『86-DOS』，並改成了IBM電腦專用的版本，再賣給IBM。」

★ 「之後從1981到2000年，微軟幾乎都是採取這個策略。」

③ 在快速發展的電腦產業裡，成為業界標準

★ 「我投注了很多心力，打造出讓IBM便於銷售MS-DOS版電腦的環境。我所做的，就是讓MS-DOS版電腦能以最便宜的價格，提供給消費者。」

★ 「當其他電腦製造商在銷售『IBM相容型個人電腦』時，就只有兩家公司營收一路攀升：做CPU的英特爾，和提供作業系統的微軟。」

「當律師的父親」是一大武器

有個當律師的父親，
是蓋茲簽訂有利合約的助力。

買下升級程式前的
86-DOS，取得所有權
（只需付一次費用）

有權將同款軟體當作
MS-DOS，賣給全球
其他電腦製造商

授權IBM使用
（賣越多賺越多）

SCP

當時
全球的電腦巨擘
IBM

買下86-DOS
的所有權

簽訂PC-DOS
的授權使用合約

當時大眾對軟體
的權利意識還很
低落。

是合約與法律知識，
造就了全球首富蓋茲。

蓋茲還真是個懂得簽
有利合約的天才啊！

學習
榜樣

合約是決定事業成敗的關鍵。好的商業模式，其實就是一份高明的
合約。

銷售「升級版」的使用授權，策略高明

14

看準機會，奮力一搏，
必要時絕對會拿下勝利。

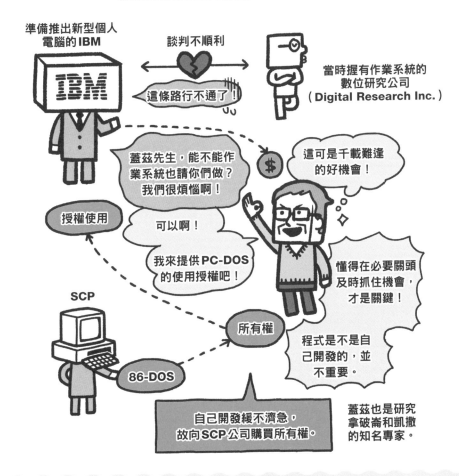

準備推出新型個人電腦的IBM

談判不順利

這條路行不通了！

當時握有作業系統的
數位研究公司
（Digital Research Inc.）

蓋茲先生，能不能作
業系統也請你們做？
我們很煩惱啊！

這可是千載難逢
的好機會！

授權使用

可以啊！

我來提供PC-DOS
的使用授權吧！

懂得在必要關頭
及時抓住機會，
才是關鍵！

SCP

所有權

程式是不是自
己開發的，並
不重要。

86-DOS

自己開發緩不濟急，
故向SCP公司購買所有權。

蓋茲也是研究
拿破崙和凱撒
的知名專家。

不妨想想，能不能買斷「只要付一次費用」的權利，再以持續收取
授權費用的形式銷售出去。

學習
榜樣

在快速發展的電腦產業裡，成為業界標準

看出「業界標準」的重要性。

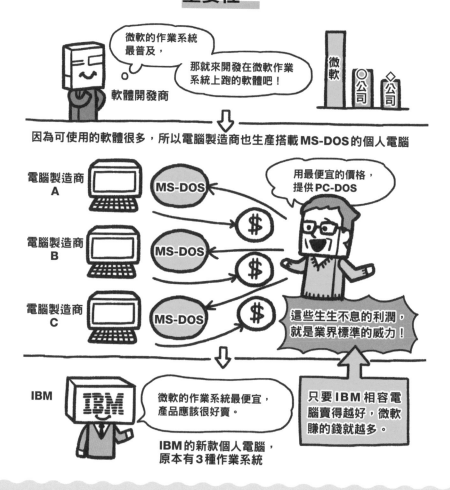

軟體開發是一場天衣無縫的合作

在為IBM研發專用作業系統時，把測試機放在密室裡，讓員工置身灼熱地獄。

當年，微軟的研發室沒有窗戶，也沒有空調。

IBM這個客戶對機密資訊的管控很嚴格，研發室必須隨時大門深鎖。

研發室

測試機超級熱的！

煙霧瀰漫～

電腦開始抓狂了！

受不了啦！

員工實在熱得受不了，幾乎打起赤膊，開著門反覆操作測試。

喂，來了喔！

IBM員工來訪時，

快把門關上！

8樓辦公室

就靠著天衣無縫的合作，度過難關。

IBM員工　1樓接待櫃台

用高科技產品創造神話，
打造一個堅持貫徹「用戶體驗」的品牌！

史蒂夫・賈伯斯
Steve Jobs

▷ 蘋果公司共同創辦人

生於 1955 年，與史蒂夫・沃茲尼克共同創辦了蘋果公司。1985 年曾一度被趕出公司，卻在 11 年後回歸，並於隔年當上執行長，接連推出 iPod、iPad 和 iPhone 等熱銷產品，將蘋果公司推上全球總市值冠軍的寶座。賈伯斯是全球廣受歡迎的創新人才，也是極具知名度的創業家。

> 堅持貫徹用戶體驗，讓每個人都能運用高科技。

邁向國際級企業的歷程

1976 年創業，早期產品 Apple Ⅰ、Apple Ⅱ 在業務操作上相當成功，讓蘋果公司得以在 1980 年成為上市公司，也為賈伯斯賺進了 2.5 億美元的身家。然而，後來由於公司的產品研發失利與銷售低迷，迫使賈伯斯在 1985 年離開蘋果公司，沃茲尼克也選擇在同一年辭職。1997 年，蘋果因業績不振，邀請賈伯斯回鍋擔任臨時執行長。之後他在蘋果推動大規模改革，讓蘋果的總市值在 2011 年坐上了全球冠軍的寶座（賈伯斯於當年過世）。

成功故事

賈伯斯一出生，父母就以「無法養育」為由，讓他當了別人的養子。學生時期的賈伯斯很窮，他的好友沃茲尼克想到可以自己組裝電腦來銷售，兩人便就此攜手創業。儘管賈伯斯一度離開蘋果公司，但期間他收購了皮克斯電影製作公司，經營得有聲有色，甚至還吸引迪士尼來收購，事業相當成功。

相關人物

史蒂夫・沃茲尼克
（Steve Wozniak）

共同創辦人

強納森・艾夫
（Jonathan Ive）

設計師

難題 Challenge

看到電腦的崛起與發展，熱愛藝術的賈伯斯，為什麼能在全球掀起革命？

解答 Solution

「用機器協助那些改變世界的人」是賈伯斯的理想，他還積極挖掘技術人才，讓他們充分發揮一流才華。

成功 POINT

① 懂得挖掘並活用有才華的人，成功推動事業發展

★「大受感動的賈伯斯，對公司主管拉茲拉夫（Cordell Ratzlaff）說：『在蘋果，你是第一個證明自己智商有三位數的。』拉茲拉夫聽了這句讚美，十分開心。」

★「這裡竟然還有員工不是全球頂尖人才，我覺得很痛苦，必須讓這種人趕快出局才行。」

★「他有一股力量，可以把人的能力發揮到極限。」

② 將內容及裝置化為威力更強的平台

★「蘋果的平台策略，始於2001年上市的iPod。而『平台化』的構想，應該是賈伯斯收購皮克斯之後得到的靈感。因為在電影業界，不論是哪一種類型的電影，發行商的立場都很強勢。」

③ 販賣「理想」的品牌，顧客因此暴增

★「有一件事我很確定：有些科技狂，會想自己組一台絕無僅有的電腦。只要有一個這樣的狂熱者，就代表背後還有一千個自知組不出這種電腦，但還是想嘗試動手寫點程式的人。」

★「讓我著迷的不是機器本身，畢竟機器慢到不行，記憶體又少。讓我著迷的，是那些充滿理想的思維。」（科幻小說家道格拉斯・亞當斯（Douglas Adams）在1984年如此評論麥金塔電腦。）

懂得挖掘並活用有才華的人，成功推動事業發展

**善用他人的才華，
成功推動事業發展。**

創業契機與 Apple I、II　✕　為有才華的員工激發能力

正在組裝電腦主機板的
史蒂夫・沃茲尼克

太厲害了！
你簡直是天才！

太有才華了！
這會是一門好生意！
我們一起創業吧！

太爛了！
給我馬上重做！

賈伯斯驅策他人的能力

賈伯斯結合了別人的長才與自我推銷的能力，
開創出龐大的事業。

學習榜樣　若能懂得運用別人的才華，造就自己的成功，就能為自己多爭取到幾十倍的機會。試著多把眼光放在別人身上吧！

將內容及裝置化為威力更強的平台

以自家公司的平台為核心，打造生態圈。

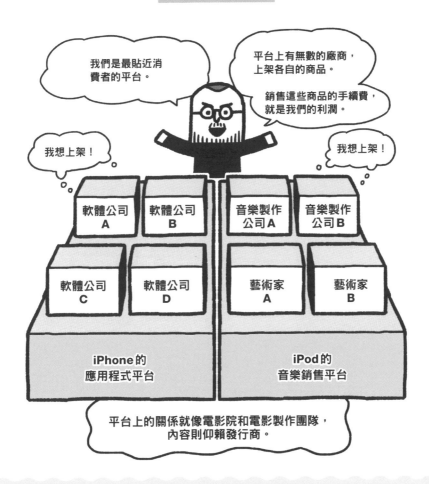

我們是最貼近消費者的平台。

平台上有無數的廠商，上架各自的商品。

銷售這些商品的手續費，就是我們的利潤。

我想上架！

我想上架！

| 軟體公司 A | 軟體公司 B | 音樂製作公司A | 音樂製作公司B |

| 軟體公司 C | 軟體公司 D | 藝術家 A | 藝術家 B |

iPhone的應用程式平台

iPod的音樂銷售平台

平台上的關係就像電影院和電影製作團隊，內容則仰賴發行商。

想想看：如何不親自參與競爭，而是打造一個供百家爭鳴的擂台，讓各路好手都來參加。

學習榜樣

販賣「理想」的品牌，顧客因此暴增

以「創新」做為品牌，和「販賣理想」的行銷。

蘋果支持每個改變世界的人！

理想與創新

把高級時尚品牌的行銷，應用到個人電腦上

吸引科技狂的理想性，以及一般大眾都能運用自如、方便好用的使用者介面

我想當個與眾不同的人～

方便好用的科技產品，好創新喔！

既能保有科技狂的細膩典雅與浪漫理想，
又想輕鬆運用科技──
蘋果的訴求，就是要打動這群「1個科技狂背後的1000人」。

學習榜樣

不妨試著引進其他業界的行銷或品牌策略，就能找到意想不到的發現與差異化手法。

驚心動魄與激動亢奮才是創新！

賈伯斯很懂得如何撩撥天才的自尊心，但他這份才華，有時還是不免失敗。

目標是「稱霸資訊社會的基礎設施」！
透過獨到遠見與果斷併購，讓企業不斷成長！

孫正義

Masayoshi Son

▷ 軟體銀行集團股份有限公司創辦人

生於1957年，曾赴加州大學留學，並在學生時期創業成功。1981年成立軟體銀行，公司上市後，透過併購手法發展行動電話等事業，迅速擴大企業版圖。目前的軟銀更將併購與投資的觸角，延伸到海外各國企業，例如英國的安謀控股（ARM）、東南亞的叫車平台Grab，以及阿里巴巴等。

> 我的策略是，
> 與其當個市場參與者，
> 不如掌握基礎建設。

邁向國際級企業的歷程

1981年創立日本軟體銀行，以批發、銷售軟體起家。1994年，公司登錄興櫃。此後，軟銀收購美國的Comdex電腦博覽會，又成立日本雅虎，快速擴大事業版圖。1998年，軟銀在東證一部風光掛牌；2006年，收購伏得風（Vodafone）的日本法人公司，跨足電信事業。2015年，集團營收突破8兆日圓。2016年，軟體銀行以3兆3,000億日圓的價碼，買下英國的安謀控股公司，這次收購甚至躍上國際新聞版面（後來又轉手出售）。

成功故事

孫正義出生於在日韓國人*企業家的家庭，少年時期即立志創業。大學時就發明了翻譯機，並成功簽約賣給當時的夏普（Sharp）。憑著過人的才智與執行力，讓他從二十多歲到六十多歲，一路都是意氣風發的新創企業經營家。2020年，孫正義名列日本富豪排行榜亞軍（227億美元）。

* 二戰前的朝鮮半島為日本殖民地。當時前往日本
  居留、戰後亦未返韓者，即「在日韓國人」。

相關
人物

北尾吉孝

SBI控股執行長

宮川潤一

軟體銀行執行長

難題 Challenge

孫正義眼見電腦與資訊產業興起，該如何從零開始，一手打造堪稱「帝國」的成功事業？

解答 Solution

放眼未來40年，慎重選擇事業領域。以稱霸基礎建設為優先目標，而不是成為參與者，並且押寶在併購和人才上。

成功 POINT

① 篩選值得賭上一輩子的事業

★「當資訊社會進入第四階段之際，軟體銀行已躋身全球前十大企業（中略）。除了第一，其他都不放在眼裡。」

★「為了選出值得自己賭上一生去投入的工作，也就是將來保證會成功的事業，孫正義擬訂了一份有25個項目的事業檢核表。」

★「等著瞧吧！總有一天，我要當上莊家。」

② 以團隊求勝，將個人放到最大的獨家經營法

★「『團隊制』、『每日財報』、『1萬次打擊練習』都是孫正義在病床上自創的遠距經營法。」

★「『孫正義』這個故事，是以孫正義為主角，加上輔佐他的各路強者，所編織出來的一部群像劇。」

③ 研擬並執行高明的併購策略，擴大事業版圖

★「孫正義所發動的併購都有一套完整的原則。他想聚焦發展數位資訊領域，累積更多專業知識與技術。除非有把握取得無與倫比的市占率，否則他不會跨足新的事業領域，也只會收購目前還有獲利的企業。」

★「說過『不戰而屈人之兵的併購是最強戰法』的孫正義，發動併購毫不手軟。」

篩選值得賭上一輩子的事業

預想未來，擬訂長期計畫，
篩選出值得賭上一輩子的事業。

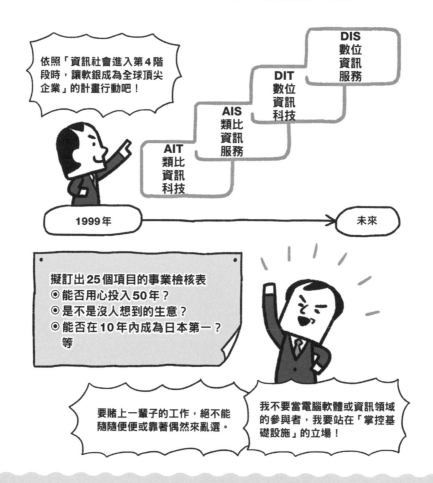

依照「資訊社會進入第4階段時，讓軟銀成為全球頂尖企業」的計畫行動吧！

DIS 數位資訊服務

DIT 數位資訊科技

AIS 類比資訊服務

AIT 類比資訊科技

1999年　→　未來

擬訂出25個項目的事業檢核表
◉ 能否用心投入50年？
◉ 是不是沒人想到的生意？
◉ 能否在10年內成為日本第一？
等

要賭上一輩子的工作，絕不能隨隨便便或靠著偶然來亂選。

我不要當電腦軟體或資訊領域的參與者，我要站在「掌控基礎設施」的立場！

學習榜樣　若想尋求長久的成功，朝哪個方向邁開步伐，就顯得格外重要。

以團隊求勝，將個人放到最大的獨家經營法

16

孫正義

SOFTBANK

不是只有企業主帶頭衝，以團隊求勝的獨家經營法。

1983 年起，有 3 年時間都臥病在床。

需要以團隊求勝的管理手法以及傑出人才。

目標是要達成超級「儀器飛行」＊！

回歸

業務改善系統
所有部門列出每年的改善目標

團隊制
10 人為 1 組的團隊制，目標是打造扁平組織

每日財報
計算出各團隊及個別員工每日的經營利潤，以期達成預算目標

1 萬次揮棒練習
把從各種角度蒐集而來的經營數據，化為圖表

北尾吉孝

孫先生的各種經營管理法，讓我大感驚訝！

求求你來我們公司吧！
LOVE

傑出人才

1995 年進入軟銀服務

＊儀器飛行相對於目視飛行，指完全透過駕駛艙中各種儀器導航來駕駛飛機，機師不需要目視。

器重傑出人才，並研擬出一套讓他們發揮能力極限的機制，兩者缺一不可。

學習榜樣

研擬並執行高明的併購策略，擴大事業版圖

併購就是
經營管理的王道！

30年內，要讓集團旗下企業達5,000家！

就「不戰而勝」而言，併購是經營管理的最強戰法。

經營王道

貫徹併購策略的三大原則
◎ 聚焦發展數位資訊領域，累積更多專業知識與技術。
◎ 除非有把握取得無與倫比的市占率，否則不會跨足新的事業領域。
◎ 只會收購目前還有獲利的企業。

像無邊大海一樣廣納百川，就能一片詳和。
這才是真正的勝利。

學習
榜樣

併購不是鬥爭。就「吸納」的涵義而言，併購可以是一種終極的成長策略。

有過全力揮桿的經驗才會懂

90年代發動一連串洶湧的併購攻勢，雖然後來幾乎都認賠賣出，但成了寶貴經驗。

嗯……

2016年的大型收購案，躍上了國際新聞版面欸！

收購安謀控股

約3兆3000億日圓

在高爾夫球的世界裡，記得以前每次我都是放手一搏、全力揮桿。

呼嘯

揮到脊椎差點沒骨折。

感慨萬千……

不愧是孫董……

或許是因為有那樣的經驗，我才得以成長吧。

挖～

也成長太多了吧……

如果以高爾夫球來比喻的話，這就像是用「沙坑挖起桿」，稍微挖一下吧。

從1994年登錄興櫃，到1998年在東證一部掛牌上市，

入股Comdex電腦博覽會

收購電腦雜誌社澤夫・戴維斯（Ziff Davis）

入股美國雅虎

總金額約5000億日圓

還真是一波收購高峰！

不過進入2000年代之後，據說您為了跨足寬頻事業，便把這些當年併購或轉投資的公司，全都認賠賣掉了。

唉，真的是很狼狽。已經對自己失去信心了。

Entrepreneur

第 **5** 章

2000-2010
資訊科技創新時代
の
創業家

運用資訊科技，商品就能隨著資訊移動。
新銷售、新購物方式的時代，就此揭開序幕。
在名為「改變」的入口，總會有傑出的創業家出現。
他們用敏銳的嗅覺，找出通往功成名就的途徑。
在這個傳統零售業被新物流革命沖刷淘洗的時代，
他們的成功法則究竟是什麼？

Entrepreneur

17

否定現狀，需要付出 10 倍的努力。
唯有能做到這一點的人與組織，才能立於不敗之地！

柳井正

Tadashi Yanai

▷ 優衣庫股份有限公司創辦人

生於1949年，大學畢業後曾進入百貨業佳世客（Jusco）任職，後來進入父親創辦的公司，在服飾部門服務，並於1984年接下總經理一職。後來成立「優衣庫」（Uniqlo），推動多樣改革與獨特行銷手法，讓優衣庫發展成國際品牌。2020年，柳井正名列日本富豪排名第一（資產約2兆5,000億日圓）。

> 我的目標，不只是拿下日本國內市場，還要成為能與全世界一較高下的企業。

邁向國際級企業的歷程

1972年繼承父親年營收1億日圓（2家門市）的事業。後來以「講求功能性的時尚」為概念，擴大事業版圖。1994年已坐擁逾百家門市，2001年進軍英國後，優衣庫加速海外布局的腳步，到2019年在日本國內約有800家門市，海外約1,400家門市。包括加盟店在內，2019年的年營收約為2兆3,000億日圓；2020年更成為全球時尚產業的營收亞軍。

成功故事

渾渾噩噩地讀完大學，年輕的柳井正進入父親的公司，被賦予管理重責後，他才開始發現工作的樂趣。經過不斷地雷厲風行與嘗試錯誤，原本在1972年只有兩家門市的父親事業，風光成為上市公司，柳井正甚至還想追求更遠大的目標。後來優衣庫迅速發展成跨國企業，將柳井正送上了日本第一富豪的寶座。

相關人物

柳井等
公司創辦人、父親

約翰・傑伊（John C. Jay）
創意總監

難題 **Challenge**

從零開始學經營的柳井正，為什麼能從兩家門市起步，發展成全球知名的優衣庫呢？

解答 **Solution**

從一開始就訂下目標，要讓公司成為「足以與全球抗衡」的成衣企業，並且不斷挑戰與學習，儘管高牆在前，仍力求突破現狀。

成功 **POINT**

① 公司不是固定的組織，而是流動的存在

- ★「所謂的公司，本來就沒有實體，極為流動，是很有可能無法永續的東西。」
- ★「起初是先有商機，接著再集結人力、物力和財力等元素，並利用『公司組織』這個肉眼看不見的形式，來從事經濟活動。」

② 先放眼世界找尋，再決定榜樣

- ★「香港製造商根本不分零售或製造，一手接單生產歐美精品品牌，一手做零售（中略）。我才發現這樣做的成長性更高。」
- ★「很多英美先進國家的企業都在發展成衣連鎖品牌，每一家我都納入參考。」
- ★「日本的商業環境這麼適合發展經濟活動，不可能做不到。」

③ 每當規模擴大，都能自我創新

- ★「企業家和生意人有什麼不同？生意人是喜歡買賣的人，就這個角度而言，我認為絕大多數中小企業的老闆，其實都不是企業家。所謂的企業家，是要有明確的目標，並訂定計畫，再設法讓企業成長，推升獲利的人。」
- ★「1,000億日圓的高牆就聳立在眼前，我們要站在顧客的立場，將公司機制全部歸零、重新打造才行。」

公司不是固定的組織，而是流動的存在

**唯有抓住商機，
公司才能存續。**

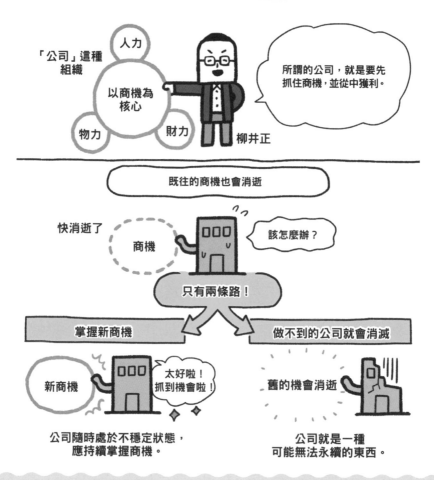

「公司」這種組織

人力

以商機為核心

物力　財力

所謂的公司，就是要先抓住商機，並從中獲利。

柳井正

既往的商機也會消逝

快消逝了

商機

該怎麼辦？

只有兩條路！

掌握新商機

新商機

太好啦！抓到機會啦！

公司隨時處於不穩定狀態，應持續掌握商機。

做不到的公司就會消滅

舊的機會消逝

公司就是一種可能無法永續的東西。

學習榜樣

別忘了定期檢視公司目前是否掌握到新商機！

先放眼世界找尋，再決定榜樣

17

UNIQLO

柳井正

商業上的榜樣，
要放眼全世界找才行。

放眼全世界，
找尋好榜樣！

把優衣庫推升為國際級
企業是我的目標。

英美等先進國家都
有服飾連鎖品牌。

找出能跨越國境、語
言的模式才有利。

香港的製造商在零
售和製造上並沒有
明確劃分。

只看自己國家，
視野太狹隘。

什麼？竟然有
那種生意？

只知道國內的
商業模式，其
實相當不利。

懂得在全世界找榜樣，
絕對更有利。

找尋可做為範例的商業模式時，範圍越大越有利。
國外案例在日本尤其有效。

學習
榜樣

每當規模擴大，都能自我創新

每當擴大事業規模，
都應革新組織，追求顧客關係的進化。

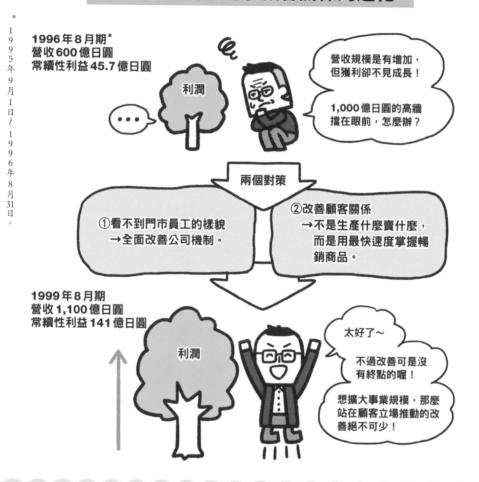

* 1995年9月1日～1996年8月31日。

1996年8月期*
營收 600 億日圓
常續性利益 45.7 億日圓

利潤

···

營收規模是有增加，
但獲利卻不見成長！

1,000 億日圓的高牆
擋在眼前，怎麼辦？

兩個對策

①看不到門市員工的樣貌
→全面改善公司機制。

②改善顧客關係
→不是生產什麼賣什麼，
而是用最快速度掌握暢
銷商品。

1999年8月期
營收 1,100 億日圓
常續性利益 141 億日圓

利潤

太好了～

不過改善可是沒
有終點的喔！

想擴大事業規模，那麼
站在顧客立場推動的改
善絕不可少！

學習榜樣

顧客關係與組織，將決定營收、獲利的規模。
若想追求持續成長，就要隨時改善這兩個要項。

創業家趣聞

自我革新才是成長的保證

SPOQLO和FAMIQLO雙雙失敗，風光一時的刷毛外套在2000年後也面臨衰退。

129

18

**建立完整架構，才能保有成長能量，
就算成為失敗專家也不怕！**

傑夫・貝佐斯

Jeff Bezos

▷ 亞馬遜公司共同創辦人

生於1964年，大學畢業後曾於多家企業任職共八年，之後決定創業。貝佐斯先從網路書店起步，日後將亞馬遜發展成全球首屈一指的零售企業。2000年又成立了規劃載人上太空的「藍色起源」（Blue Origin）公司；目前他也是知名媒體《華盛頓郵報》的老闆。

> 不願持續實驗、
> 不容許失敗的公司，
> 終將走投無路。

成功故事

小時候，貝佐斯每年夏天都會在外公家的牧場度過。獨立自主的生活態度，以及熱愛閱讀的個性，培養出貝佐斯凡事都想自己動手做的發明創意。他於1994年創辦網路書店「亞馬遜」，在全世界大獲成功，使得貝佐斯在2020年成為全球首富（資產約2,000億美元）。

邁向國際級企業的歷程

1994年創業時，貝佐斯僅帶著太太和兩名工程師起步；1997年，亞馬遜在那斯達克風光上市；1999年亞馬遜累計使用者達1,000萬人；2000年進軍日本市場，並於2001年轉虧為盈。此外，亞馬遜的付費會員「Amazon Prime」於2020年突破1億5,000萬人。2018年美國亞馬遜的年營收約為2,500億美元。雲端服務AWS（Amazon Web Services）也不斷成長，如今已是撑起亞馬遜營收與獲利的一大支柱。

沃納・沃格斯
（Werner Vogels）

瑞克・達澤爾
（Rick Dalzell）

相關
人物

副總裁

前CIO（資訊長）

難題 Challenge

在網路萌芽期就成立網路書店的貝佐斯，究竟為什麼能成為全球首富？

解答 Solution

他有效地承擔風險，不斷挑戰，隨時排除拖累組織步伐的各種因素，以加快成長腳步。

成功 POINT

① 不願實驗、不容許失敗的公司，終將走投無路

★「他是風險專家。」

★「沒人會把工作上的風險當作投資來看待，唯獨傑夫·貝佐斯例外。」

★「不願持續實驗，不能容許失敗的公司，終有一天會被逼上絕境。」

② 加速會創造加速，如自體繁殖般地轉動飛輪

★「加入『亞馬遜物流』（ＦＢＡ）的業者，商品上都會有『Prime』標誌，更能彰顯『Prime』在會員心目中的價值，還能為上架商品的業者拉抬銷量。如此一來，飛輪便會加速再加速。」

★「只要持續改善這六大領域，就能持續為飛輪增添動能。」

③「每天都是創業第一天」，常保成長速度

★「依照往例，我們還是附上當初那份1997年版的股東信。因為每天都是我們的第一天。」

★「第二天會停滯不前，接著就會變無頭蒼蠅，再來就是痛苦衰退，到最後就是死亡（中略）。所以本公司每天都是創業第一天。」

★「讓我來為各位介紹我們用來堅守初衷的入門套組：用戶至上、抵制代理、接納外部趨勢、高速決策。」

不願實驗、不容許失敗的公司，終將走投無路

設想「風險與獲利」，大膽行動！

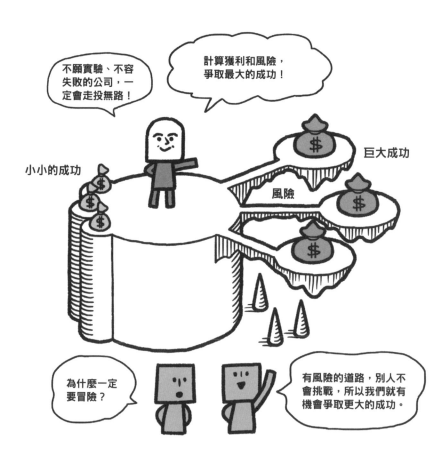

不願實驗、不容失敗的公司，一定會走投無路！

計算獲利和風險，爭取最大的成功！

小小的成功

巨大成功

風險

為什麼一定要冒險？

有風險的道路，別人不會挑戰，所以我們就有機會爭取更大的成功。

學習榜樣

不願實驗、不容許失敗的公司，終將走投無路。因為不失敗，就代表沒有挑戰。

加速會創造加速，如自體繁殖般地轉動飛輪

心力集中投注在
「用加速創造加速的飛輪」。

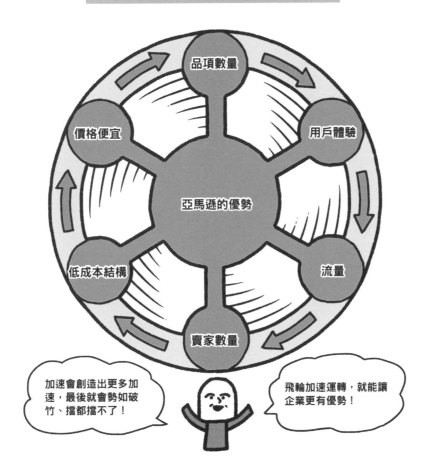

品項數量

用戶體驗

價格便宜

亞馬遜的優勢

低成本結構

流量

賣家數量

加速會創造出更多加速，最後就會勢如破竹、擋都擋不了！

飛輪加速運轉，就能讓企業更有優勢！

要在哪方面多做累積，才能讓公司持續運作下去？不妨把資源集中在那些能讓公司更加突飛猛進的項目上吧！

學習
榜樣

「每天都是創業第一天」，
常保成長速度

**秉持「每天都是創業第一天」的信條，
讓公司持續成長，避免驕傲自大。**

今天也是創業第一天！
（面對挑戰與追求成長的信念）

到了第二天就會停滯，最後就是死亡。

全球最大電商通路
的地位

| 用戶至上 | 高速決策 |
| 接納外部趨勢 | 抵制代理（藉口） |

用來堅守初衷的入門套組

學習
榜樣

公司內部有一股引力，會隨著時間過去而停滯成長。
必須打造出一套可對抗這股引力的機制！

商業天才也會失敗

1億7,800萬美元的失敗教訓：亞馬遜推出的智慧型手機，才1年就停賣。

Entrepreneur

19

不但積極應對中國市場，
更具備超越全球企業的求生能力！

馬雲

Jack Ma

▷ 阿里巴巴集團創辦人

生於1964年，從小就開始學習英文，但考大學時兩度落榜。馬雲當過英文和國際貿易的講師，某次到美國出差時，偶然接觸到網際網路，從此開啟了商業興趣。1999年創立阿里巴巴，打造B2B商務網站，大獲成功。

> 從磨難和試煉中找到機會的人，才能當上執行長。

邁向國際級企業的歷程

1999年創業。2000年因碰上網路泡沫瓦解，選擇結束美國分公司事業，並進行大規模裁員。2003年確立獲利模式後，業績開始快速攀升。2003年成立C2C[**]平台淘寶，2004年啟動支付寶事業，2014年在美國紐約證券交易所掛牌上市。到2019年，已有逾1,000萬家企業在阿里巴巴的平台開店。2020年，集團年營收達680億美元。

成功故事

馬雲在當英文和國貿講師時，雖然勤奮工作，但和偉大事業無緣。直到後來他建立了免費的B2B[*]平台「阿里巴巴」，並在2016年成為亞洲首富。他和他的阿里巴巴，在中國市場逼退了美國的Ebay。

[**] C2C指Customer to Customer，個人對個人的電商模式。

[*] B2B指Business to Business，企業對企業的電商模式。

相關人物

蔡崇信

副董事長

倪行軍

CTO（技術長）

難題 Challenge

當年馬雲開的只是小型網路公司,如何運用網路的影響力,打造全球頂尖的電商平台?

解答 Solution

中國市場對網路交易的信任度與別國不同,因此馬雲堅持平台必須免費,且集中發展「放心交易」的元素,如第三方支付。此外,他一開始就明白這是場長期戰,因此奮力拚搏,直到對手撐不下去。

成功 POINT

① 致力增加會員人數,營收和獲利都是其次

★「賺錢方法以後要多少有多少。現在我們會讓網站平台完全免費,是因為想先增加會員人數。」(阿里巴巴轉虧為盈之前,在「免費與否」的問題上吃了很多苦頭。)

② 因為會員增加而推出的兩項收費服務

★「我們推出了『中國供應商』服務,中國出口商只要付2,000美元,就能比一般會員刊登更多商品,在阿里巴巴平台上的搜尋排序也比較前面。」

★「我們推出了『誠信通』認證制度(中略)。引進這項制度後,為阿里巴巴打開了一條生路。」

③ 將 Alibaba.com 的成功模式複製到其他三個領域,稱霸中國電商

★「阿里巴巴的事業核心——電子商務,是在四個不同領域發展平台、提供服務,分別是中國國內零售、中國國內批發、跨境及國際零售,和跨境及國際批發。」

致力增加會員人數，營收和獲利都是其次

不以大企業為標的，而是鎖定中小企業客戶，發展成全球最大的 B2B 平台。

註冊、使用都免費！

會員要多，才能轉虧為盈。

有好多買家！有賺頭！

好多賣家！好方便！

賣家

買家

阿里巴巴的
B2B 平台
成為媒合場域

策略與差異化

以成為全球最大的 **B2B** 交易市場為目標

結合亞洲智慧與美國手法

不以大企業為標的，而是鎖定中小企業（小蝦米）

學習榜樣

很多事業都是參與者越多，網路外部性（網路效應）越強。
各位不妨先增加參與者吧。

因為會員增加而推出的兩項收費服務

19

阿里巴巴
馬雲

終於發現兩項能獲利的服務
（在此之前的財務狀況都是捉襟見肘）。

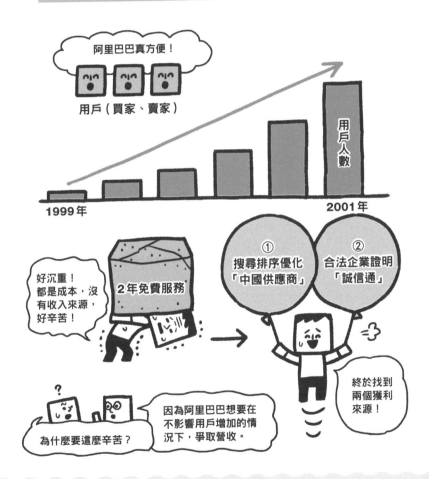

阿里巴巴真方便！

用戶（買家、賣家）

1999年

2001年

用戶人數

2年免費服務

好沉重！
都是成本，沒有收入來源，好辛苦！

① 搜尋排序優化「中國供應商」

② 合法企業證明「誠信通」

終於找到兩個獲利來源！

？

為什麼要這麼辛苦？

因為阿里巴巴想要在不影響用戶增加的情況下，爭取營收。

只要參與者增加，就能透過健全的「差異化」來收費。

學習榜樣

將 Alibaba.com 的成功模式複製到其他三個領域，稱霸中國電商

有效阻止了競爭者滲透的市場分析。

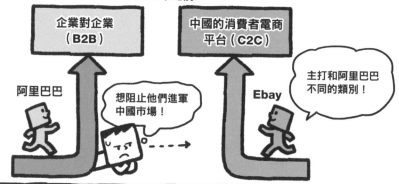

2003 年之前

企業對企業（B2B）

中國的消費者電商平台（C2C）

阿里巴巴

想阻止他們進軍中國市場！

Ebay

主打和阿里巴巴不同的類別！

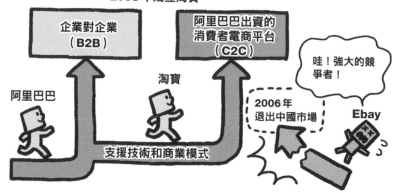

2003 年成立淘寶

企業對企業（B2B）

阿里巴巴出資的消費者電商平台（C2C）

阿里巴巴

淘寶

支援技術和商業模式

2006 年退出中國市場

哇！強大的競爭者！

Ebay

2021 年，馬雲將電商市場分為四大類，並在每個類別都發展電商品牌，大範圍地掌控市場。

學習榜樣

若想發展專業分工，又想阻止競爭者投入市場，企業就應該建立新品牌來與之抗衡。

有著雙頭的怪獸，煩惱也會倍增

把阿里巴巴英文網站的製作據點轉移到矽谷，竟以慘敗收場。

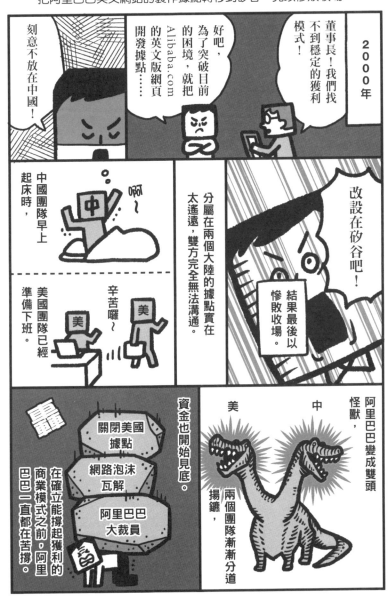

2000年

董事長！我們找不到穩定的獲利模式！

好吧，為了突破目前的困境，就把Alibaba.com的英文版網頁開發據點⋯⋯

刻意不放在中國！

改設在矽谷吧！

中國團隊早上起床時，

OROT～

辛苦囉～

美國團隊已經準備下班。

分屬在兩個大陸的據點實在太遙遠，雙方完全無法溝通。

結果最後以慘敗收場。

阿里巴巴變成雙頭怪獸，兩個團隊漸漸分道揚鑣。

美　中

關閉美國據點

網路泡沫瓦解

阿里巴巴大裁員

資金也開始見底。

在確立能撐起獲利的商業模式之前，阿里巴巴一直都在苦撐。

Entrepreneur

第 **6** 章

2010-2015
資訊革命新時代
の
創業家

人們會根據資訊來決定自己的行動。
如果這個說法成立，那麼當新形態的資訊出現時，
會有什麼影響呢？
人類的行為，將有翻天覆地的轉變。
資訊科技的發展，帶來了新形態的資訊。
本章要為各位介紹新時代的創業家，他們充滿活
力，充分運用新形態資訊，從根本顛覆人類行為。

Entrepreneur

20

兩位天才程式設計師組成的團隊，
用全新搜尋技術改變世界！

賴瑞·佩吉&
謝爾蓋·布林

Larry Page & Sergey Brin

▷ 谷歌公司共同創辦人

佩吉與布林都生於1973年，年輕時就對電腦特別感興趣，兩人進入史丹佛大學就讀後，便結下不解之緣。1998年兩人共同創辦谷歌，佩吉後來成為谷歌的母公司「字母控股」（Alphabet）執行長（2019年卸任）。兩人都是全球名列前茅的富豪。

> 我們會開始做Google，是因為對當時的搜尋結果不滿意。

邁向國際級企業的歷程

1998年創業，強大的搜尋功能旋即建立起口碑，當時就已經要處理每天萬件以上的關鍵字搜尋。2000年廣告系統Google Adwords啟用（現更名Google Ads），2004年公司掛牌上市，2005年發表Google Map，2015年成立字母控股做為旗下各事業的母公司。2016全年處理的搜尋次數已逾2兆次。2019年營收約為1,600億美元。

成功故事

1999年，谷歌拿到兩個創投案的2,500萬美元時，幾乎還沒有營收。佩吉與布林堅持讓搜尋服務保持純粹，和商業劃出明確界線，最後終於贏得用戶信任，並將搜尋服務化為收益，賺進了龐大獲利。兩人都有逾1,000億美元的身價。

桑德爾·皮蔡
（Sundar Pichai）

艾立克·史密特
（Eric Schmidt）

相關人物

現任執行長

前董事長

難題 Challenge

當年只由兩位程式設計師成立的谷歌，如何成為全球最大的搜尋引擎，並取得市場主導地位？

解答 Solution

總是以「次世代發明」為目標，也就是讓競爭對手顯得過時的發明，並讓發明與事業並進，不斷追求突破。

成功 POINT

①「Page Rank」的搜尋威力

★「資訊科學教授莫特瓦尼（Rajeev Motwani）曾說：『當年的搜尋引擎有一大堆缺點，只能跑出一團毫無意義的搜尋結果。』」

★「佩吉把自己的姓氏和搜尋到的網頁（page）串聯在一起，並把這個連結評價系統稱為Page Rank。」

② 把「搜尋」與「廣告」劃分清楚

★「兩人決定將序曲（Overture）公司自1988年發展的廣告手法加以微調，用自己的方式來執行（中略）。搜尋引擎仍然供用戶免費使用，獲利則靠廣告來爭取。」

★「有意刊登廣告的企業，只要輸入信用卡卡號，幾分鐘後谷歌網站就會出現企業的文字廣告。」

③ 重點不在創意，實現創意的機制才是關鍵

★「還有一本書對佩吉的影響也很深，那就是才華洋溢的塞爾維亞發明家尼古拉‧特斯拉（Nikola Tesla）的傳記。」

★「只要手邊有資金，他（特斯拉）應該可以留下更偉大的成就，可惜他為了讓發明商品化，吃了很多苦頭。我想從這個教訓學習經驗（中略）。若想打造更美好的世界，還需要處理很多除了發明以外的事。」

成功
POINT1

「Page Rank」的搜尋威力

可排除假網站的重大發明：
Page Rank 的搜尋威力。

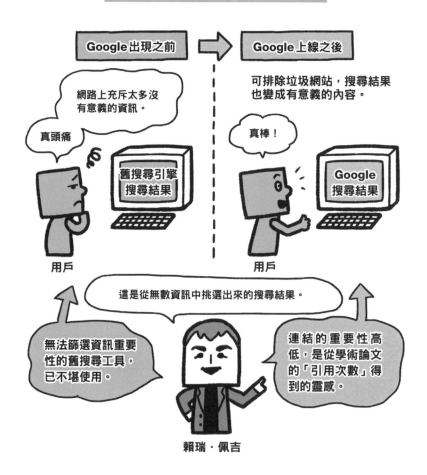

| Google 出現之前 | → | Google 上線之後 |

網路上充斥太多沒有意義的資訊。

可排除垃圾網站，搜尋結果也變成有意義的內容。

真頭痛

真棒！

舊搜尋引擎搜尋結果

Google搜尋結果

用戶

用戶

這是從無數資訊中挑選出來的搜尋結果。

無法篩選資訊重要性的舊搜尋工具，已不堪使用。

連結的重要性高低，是從學術論文的「引用次數」得到的靈感。

賴瑞・佩吉

學習榜樣

若能剔除現有服務的共通缺點或不足，就能發展成一大事業。

把「搜尋」與「廣告」劃分清楚

以「不妨礙用戶意志」的廣告為目標。

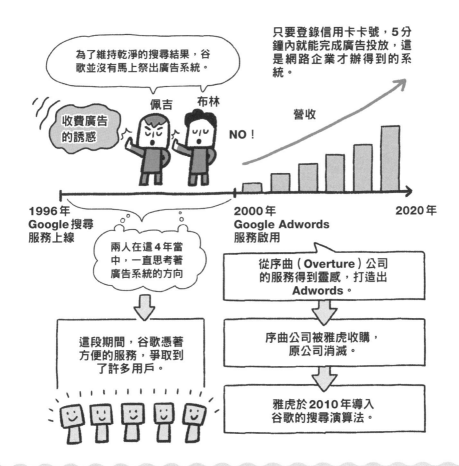

為了維持乾淨的搜尋結果，谷歌並沒有馬上祭出廣告系統。

收費廣告的誘惑

佩吉　布林

NO！

只要登錄信用卡卡號，5分鐘內就能完成廣告投放，這是網路企業才辦得到的系統。

營收

1996年
Google 搜尋
服務上線

兩人在這4年當中，一直思考著廣告系統的方向

這段期間，谷歌憑著方便的服務，爭取到了許多用戶。

2000年
Google Adwords
服務啟用

2020年

從序曲（Overture）公司的服務得到靈感，打造出 Adwords。

序曲公司被雅虎收購，原公司消滅。

雅虎於2010年導入谷歌的搜尋演算法。

確保公司不會失去最重要的價值，千萬別輕易迎合。

學習榜樣

重點不在創意，實現創意的機制才是關鍵

想改變世界，
就要處理「發明以外的事」。

12歲時的
佩吉

塞爾維亞
發明家
尼古拉·特斯拉
傳記

只要手邊有資金，他應該
可以留下更偉大的成就。

空有創意想法，卻無法
製成商品是不行的。

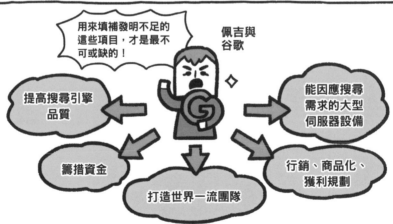

用來填補發明不足的
這些項目，才是最不
可或缺的！

佩吉與
谷歌

提高搜尋引擎
品質

能因應搜尋
需求的大型
伺服器設備

籌措資金

打造世界一流團隊

行銷、商品化、
獲利規劃

學習
榜樣

空有好創意，根本無濟於事。能用最佳形態實現這些創意的能力，
才會帶領事業邁向成功。

堅持到底的結果，終於贏得了用戶的信任

為了不敗壞搜尋品質，佩吉與布林一直很厭惡廣告，導致花了很多時間才轉虧為盈。

Entrepreneur
21

胸懷大志，再結合技術創新與一流人才，
發展成改變社會的重大力量！

伊隆・馬斯克

Elon Musk

▷ 特斯拉共同創辦人

1971年生於南非，17歲移居加拿大。20多歲時就創立了Zip2和X.com（網路金融服務），後者以Paypal之名掛牌上市，讓馬斯克賺進大筆財富。後來，他又創立了提供太空服務的SpaceX（太空探索科技公司），並投資特斯拉、發展電動車事業，成為一位優秀的創業家、企業家。

> 找出具備頂尖能力和企圖心的人才，延攬到我們的團隊。

邁向國際級企業的歷程

1999年，20多歲的馬斯克賣掉了自己創辦的Zip2，賺進2,200萬美元，後來又靠X.com進帳2.5億美元。接著，馬斯克把大部分資產都投入太空事業，並投資特斯拉，全力發展電動車技術。在克服重重難關之後，特斯拉總市值於2020年7月首度超車知名國際企業豐田，成為全球最大的汽車製造商。該年馬斯克的身價也從200億美元暴增到1,700億美元。

成功故事

馬斯克出生的家庭有個愛冒險的祖父，還有當工程師的父親。馬斯克在少年時期就展現出旺盛的求知欲，小學3年級便讀完了學校圖書館裡的書。敢於作夢的馬斯克，先是因創業而大獲成功，累積資產後又以投資人兼企業家的身分成功發展SpaceX和特斯拉的事業，賺進了鉅額財富。

彼得・提爾
（Peter Thiel）

傑洛姆・吉倫
（Jerome Guillen）

相關
人物

前合夥人

汽車部門前總裁

難題 Challenge

SpaceX 和特斯拉做的，都是外界認為「不可能」的事業，馬斯克為什麼能將這兩個極具挑戰的企業，發展得如此成功？

解答 Solution

他延攬了許多頂尖人才，這些人都對他的夢想很有共鳴，再加上他發揮強大的領導力和卓越的組織建構法，讓傑出人才發揮出150%的實力。

成功 POINT

① 既是超級夢想家，又很懂得考量現實

★「最令人耳目一新的，是匯款服務。只要輸入收款人的電子郵件，就能完成匯款（中略）。服務啟用才不過兩三個月，就已經有超過20萬人在X.com上開設帳戶。」

★「就馬斯克的立場而言，應該會充滿仇恨與報復心態吧？可是他並沒有，他選擇支持彼得，自始至終都表現得很和善。」

② 以「技術創新」和「一流人才」為本，不怕挑戰難關

★「他們創造出一套特殊的排列方式，以確保萬一電池起火，火勢也不會延燒到其他電池，等於是研發出了一套防爆方法。」

★「馬斯克相信，對火箭裡裡外外知之甚詳的人，就身在這裡，絕對錯不了。」

★「他承擔的風險比大家都多（中略），少了馬斯克，絕對成就不了這件事。」

③ 把「生活型態」和「邁向未來的創新性」打造成品牌

★「即使他訂出不切實際的目標，還會向員工言語施壓，對他們呼來喝去，大家也都認為這是火星計畫的一部分。」

★「這種嘮叨型的嚴格管理之所以能成立，是因為他總在談論很遠大的夢想。」

★「特斯拉賣的不只是汽車，它賣的是一種想像，一種踏進未來的感受，更是一種與品牌之間的連結。」

既是超級夢想家，又很懂得考量現實

和那些掌握資源的對象談判、合作。

已有許多廣告主，但毫無網路知識。

已有網路搜尋、廣告、存取和資訊登錄的程式設計技術，但顧客很少。

Zip2
新創公司

大報社A　大報社B　大報社C

紐約時報
奈特瑞德報業
赫斯特雜誌等大型媒體

利奇·索爾金
（Rich Sorkin）

有著網路相關事業的豐富經驗。

Zip2的新執行長
創投推薦人

馬斯克創設的第一個新創公司
業績得以大幅成長的原因。

要將績效極大化，就要和那些掌握資源的對象合作，以期將「自己擁有的資源」×「對方擁有的資源」創造出最大的綜合效果。

學習榜樣

不只要作夢，也要看清現實，靈活地精打細算。
有效的精算，才能實現理想。

以「技術創新」和「一流人才」為本，不怕挑戰難關

21

TESLA
伊隆・馬斯克

以「技術創新」和「一流人才」，挑戰遠大目標。

火星與未來

伊隆・馬斯克

蒐集邁向成功所需的條件，積極挑戰！

空有夢想、卻沒有累積必要基礎的人

充裕的資金

我應該到得了那裡！

最先進的技術創新

再怎麼美好的理想，最終也只是一場夢。

一流人才

馬斯克是在認識了對鋰電池知之甚詳的史特勞貝爾（JB Straubel，電動車研究專家）之後，才投資這項事業。

空有遠大的夢想，並不會有任何進步。要特別留意技術創新，以及能幫助我們朝目標邁進的人才。

學習榜樣

把「生活型態」和「邁向未來的創新性」打造成品牌

主打和蘋果相似的「邁向未來的創新性」，塑造高級品牌。

> 送人類登上火星，是我的終極目標。

特斯拉電動車

員工

火星

消費者

> 衝啊！
> 我要為了火星計畫全力以赴！

> 特斯拉畫出了未來樣貌，有一種讓人想與之同化的吸引力！

伊隆・馬斯克對未來的信念，
將特斯拉塑造成了獨特品牌。

學習榜樣

有些領域之所以成為高級品牌，就是因為人類懷抱著對創新未來的嚮往。

好想輕鬆度蜜月

在度蜜月的班機上，董事會發動奪權政變；等飛機落地時，執行長已經換了人。

但公司發展並不理想。

馬斯克成為單一最大股東，主導公司營運，

馬斯克的 X.com，和彼得‧提爾的 Confinity 合併。

什麼！我正在度蜜月欸！？

董事會爆發奪權政變！

2000 年 9 月馬斯克在度蜜月的班機飛行途中，

不過，這家公司後來成了知名的 Paypal，吸引 Ebay 以 15 億美元收購，讓馬斯克的資產因而暴增。

班機落地時，執行長已經換成了彼得‧提爾。

CEO

Entrepreneur

22

把人們追求「想與人連結」的根本欲望，
與網際網路結合起來！

馬克・祖克柏

Mark Elliot Zuckerberg

▷ 臉書公司（現名Meta）共同創辦人

祖克柏生於1984年，小時候就很喜歡接觸電腦，就讀哈佛大學期間，以「實名制的溝通平台」形式，推出臉書（Facebook）服務，並分階段擴大用戶族群，目前在全球有逾29億用戶。2020年，祖克柏已擁有約1,000億美元的股票資產。

> 我以串聯眾人為己任。

邁向國際級企業的歷程

2004年推出thefacebook，當時還只是大學生專用的社群網站。同年9月，祖克柏獲得60萬美元的注資；11月，用戶人數達到100萬人。2010年成立日本分公司，2012年，臉書活躍用戶達10億人，營收達51億美元；2018年全球營收達558億美元，等於8年內成長10倍。截至2020年，各國臉書用戶以印度為最多，共有逾2.7億人，其次是美國，約2億人，至於日本用戶約有2,600萬人。

成功故事

祖克柏的父親是牙醫，相當關注科技發展，因此祖克柏小時候就有自己專用的電腦。他的父母發現兒子有天分，便積極讓他接受電腦資訊教育。由於父母的這份先見之明，再加上祖克柏對人與人之間的連結特別充滿熱情與關注，讓他獲得如今的輝煌成就。

彼得・提爾
（Peter Thiel）

西恩・帕克
（Sean Parker）

相關
人物

投資人

前合夥人

難題 Challenge

為什麼祖克柏能把大學生的社群平台臉書，發展成全球最大的社群網站？

解答 Solution

他充滿智慧，能運用卓越的數據分析力，突破用戶在心理上的抗拒、反彈和隱私意識；他也充滿才能，憑實力打造出理想組織。

成功 POINT

① 自己寫程式，研發速度無與倫比

★「他的父母發現兒子有這方面的天分，便為他請家教，還讓他到研究所去上程式設計的課。」

★「祖克柏能功成名就，是因為他有能力了解別人想要什麼。」

② 運用卓越的數據分析力，巧妙閃避用戶的反感，為用戶打造方便的「透鏡」

★「用過之後馬上就會明白『動態時報』有多方便。用戶以前只會發送資訊給特定朋友，現在則廣發到整個朋友圈，可以積極接觸到更多人。」

★「現在，造成個人差異的最大關鍵，在於我們用什麼透鏡看內容。資訊數位化之後，每個人都能取得龐大資訊。而透鏡的功用，就是把這些資訊整理成對用戶有意義的內容。」

③ 從學生團隊創業，接著馬上就順利與專家合作

★「不久後，祖克柏就去拜託西恩・帕克（Sean Parker，音樂分享網站Napster共同創辦人）來擔任臉書公司總裁。」

★「西恩・帕克為臉書找來了最合適的投資者，真的非常幸運。而這位投資者，正是Paypal的共同創辦人彼得・提爾。」

自己寫程式，研發速度無與倫比

成功跨越早期鴻溝，
並順利發揮了網路外部性（網路效應）。

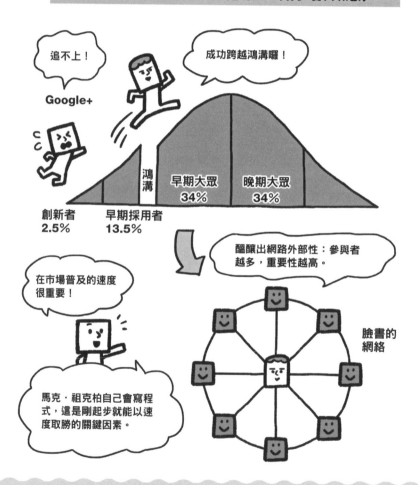

「自己就會做」，有時能為競爭帶來速度優勢。

運用卓越的數據分析力，巧妙閃避用戶的反感，為用戶打造方便的「透鏡」

22

臉書是個匯整大量資訊的透鏡。

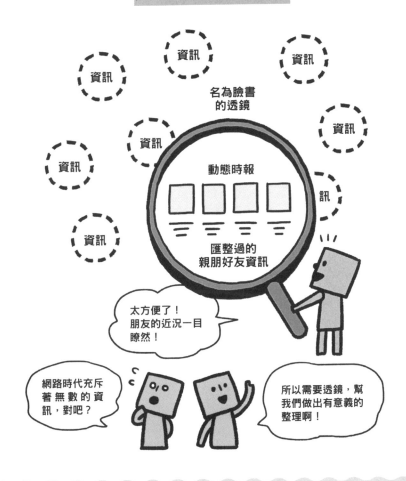

資訊

資訊

資訊

資訊

名為臉書的透鏡

資訊

資訊

資訊

動態時報

訊

資訊

匯整過的親朋好友資訊

太方便了！朋友的近況一目瞭然！

網路時代充斥著無數的資訊，對吧？

所以需要透鏡，幫我們做出有意義的整理啊！

資訊越多，人越會需要仰賴有效的透鏡。
你能否在某個領域上成為眾人的透鏡？

學習榜樣

從學生團隊創業，接著馬上就順利與專家合作

以最快速度與商業專家合作，匯集相關人才。

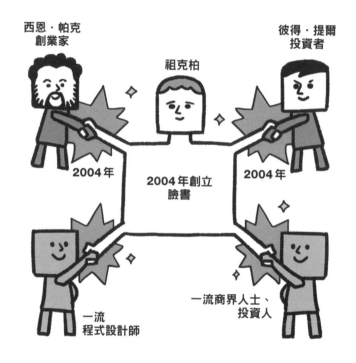

西恩‧帕克
創業家

祖克柏

彼得‧提爾
投資者

2004 年

2004 年創立
臉書

2004 年

一流
程式設計師

一流商界人士、
投資人

祖克柏創業一年，
就獲得矽谷專家的提點和建議。

※帕克因參與疑似涉及禁藥的派對，於 2005 年辭職。

學習
榜樣

要壯大自家公司，就要與最嫻熟成功之道的人合作。

英明果斷的成功背後

風光收購 Instagram 的背後，其實經歷過多次收購失敗的教訓。

Entrepreneur

23

YouTube 推出一年，就達到月平均觀看人數 3,000 萬，
驚人成長的背後理念，就是「輕鬆好用」！

查德・赫利
Chad Meredith Hurley

▷ YouTube 公司共同創辦人

生於 1977 年，查德・赫利擁有藝術學士學位。他是支付平台 Paypal 的開朝元老，2002 年因 Paypal 收購案而得到大筆財富。2005 年 YouTube 正式上線，後來在 2006 年 10 月被谷歌以 16.5 億美元的價碼收購。

> 對觀看次數的重視程度，更甚於獲利與否，因而搶下了市占率。

邁向國際級企業的歷程

YouTube 公司由三位曾於 Paypal 任職的員工在 2005 年成立。後來谷歌在 2006 年以 16.5 億美元收購。2007 年推出合作夥伴計畫「YouTube Partner Program」，將廣告收入回饋給創作者。2017 年，全球每分鐘上傳到 YouTube 的影音長度為 400 小時。2019 年，YouTube 的年營收達到 150 億美元。到 2020 年，YouTube 每月活躍用戶數已逾 20 億人。

成功故事

其實除了 YouTube，當年還有 Vimeo 這個影音分享平台。然而，YouTube 並未拘泥於影音品質，而是側重在「輕鬆上傳＆觀看」，再加上用戶的參與互動機制，例如搜尋、留言等功能，因而贏得了讓對手望塵莫及的市占率，也獲得一炮而紅的熱情擁戴。

相關人物

賈德・卡林姆
（Jawed Karim）

共同創辦人

陳士駿
（Steve Chen）

共同創辦人

難題 Challenge

在眾多影音分享平台當中，YouTube 是如何一枝獨秀，穩居龍頭寶座？

解答 Solution

不講究影片畫質好壞，而是專注發展「以最簡單的方式上傳」、「馬上就能找到想看的影片」，成功衝高了市占率。

成功 POINT

① 「輕鬆上傳＆觀看」，帶動用戶人數迅速成長

★ 「當時，把影片上傳到網路供人觀賞，應該是一件很不得了的事。」

★ 「到YouTube看看之後，就會發現用戶有時會以便利和速度為首選，影片畫質清晰與否，只是其次。」（各位要特別留意，查德・赫利是Paypal開朝元老，他應該早就打定主意，要積極提高用戶數，好讓YouTube的平台便利性大幅彈升，充分發揮網路外部性的效益。）

② 支付廣告收入給每一位創作者

★ 「2007年，YouTube推出合作夥伴計畫，不僅把廣告收入支付給媒體業者，還把收入分享的對象，擴及到各類型的創作者。」

★ 「他把YouTube化為匯聚各種才華的新據點。用戶不只可以觀看影片，只要有意願，就能在平台上賺取一些收入，讓這個平台成為可以供人營生的地方。」

③ 成功融合兩家傑出新創企業的成長文化

★ 「YouTube和其他開放式平台的出現，揭露了一個事實：那就是人們感興趣的事既多元又獨特，遠超乎企業幹部的想像。」

★ 「這世界充滿了具備各種不同才華的人，遠比以往好萊塢底下的人才還要多出許多。」

「輕鬆上傳＆觀看」，帶動用戶人數迅速成長

以「便於使用的速度感」，
成功贏得市占率。

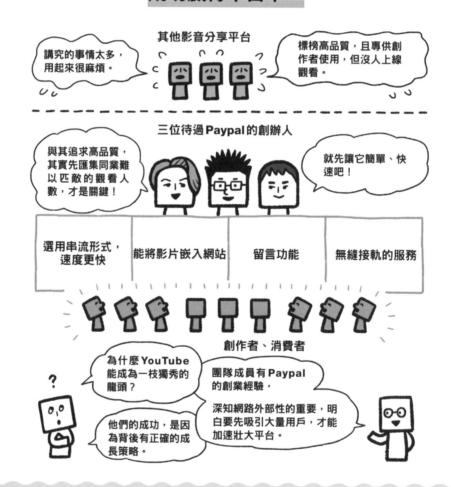

其他影音分享平台

講究的事情太多，用起來很麻煩。

標榜高品質，且專供創作者使用，但沒人上線觀看。

三位待過 Paypal 的創辦人

與其追求高品質，其實先匯集同業難以匹敵的觀看人數，才是關鍵！

就先讓它簡單、快速吧！

| 選用串流形式，速度更快 | 能將影片嵌入網站 | 留言功能 | 無縫接軌的服務 |

創作者、消費者

為什麼 YouTube 能成為一枝獨秀的龍頭？

團隊成員有 Paypal 的創業經驗，

深知網路外部性的重要，明白要先吸引大量用戶，才能加速壯大平台。

？

他們的成功，是因為背後有正確的成長策略。

學習榜樣

有時候，「方便、快速」會比「功能強、品質好」的產品更受歡迎。

支付廣告收入給每一位創作者

支付廣告收入的合作夥伴計畫，
吸引全球各種新穎才華匯集。

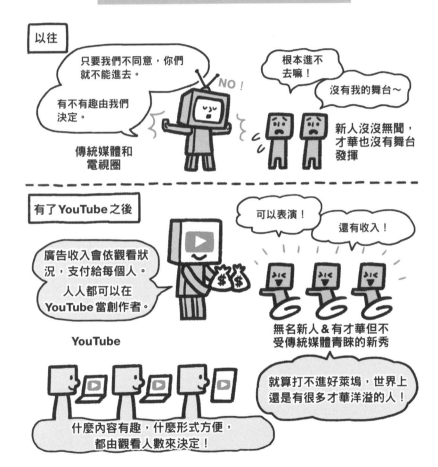

降低參與門檻，有時可以發現一些意想不到的奇人異士。如今這個時代，「把關者」（gatekeeper）帶來的其實是負面效果。

成功
POINT 3

成功融合兩家傑出新創企業的
成長文化

看重成長策略更勝技術，
結合兩種企業文化所帶來的勝利。

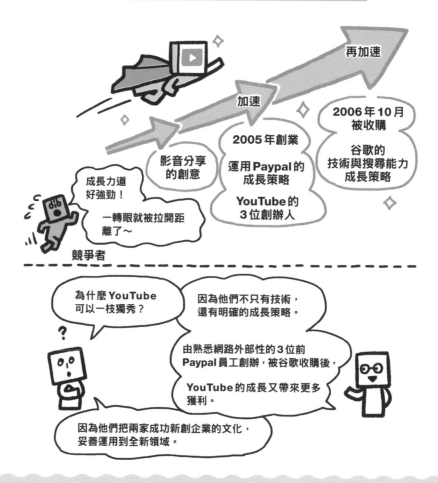

再加速

加速

2006年10月
被收購

谷歌的
技術與搜尋能力
成長策略

2005年創業

運用 Paypal 的
成長策略

YouTube 的
3 位創辦人

影音分享
的創意

成長力道
好強勁！

一轉眼就被拉開距
離了～

競爭者

為什麼 YouTube
可以一枝獨秀？

因為他們不只有技術，
還有明確的成長策略。

由熟悉網路外部性的 3 位前
Paypal 員工創辦，被谷歌收購後，

YouTube 的成長又帶來更多
獲利。

因為他們把兩家成功新創企業的文化，
妥善運用到全新領域。

成功的新創企業，都會有擬訂「成長策略」的文化。
你採納這些成長策略了嗎？

動物園影片竟成傳說

YouTube原本竟然是交友網站!?但沒人拿來這樣用，結果……

Entrepreneur

第 **7** 章

2015-
網路新時代
の
創業家

如今已是人人隨時透過網路相連的時代。就連人際關係和人生的樣貌型態，也都在改變。
有似近實遠的人際關係，也有越來越多不賣物品、改賣服務的企業。
本章要為各位介紹的，是這些讓世界煥然一新的創業家，他們到底具備哪些開創未來的能力？

Entrepreneur 24

對蘋果賈伯斯的崇拜，
讓他在中國重新發明了一套用戶體驗！

雷軍
Lei Jun

▷ 小米科技共同創辦人

生於1969年，23歲進入中國的金山軟件公司服務，六年後當上總經理。2007年辭職，2010年與五位創業夥伴共同創辦小米。雷軍同時也是一位很積極的創業投資人。小米如今已成為一間綜合家電企業，銷售許多智慧家電產品。

> 硬體不必獲利，
> 要用生態系創造利潤。

邁向國際級企業的歷程

2010年創立小米。第一號產品「小米手機1」（Mi1）的銷量，在預購階段就已突破30萬台。專攻少數機種，並透過大量銷售來做到「功能強大、價格便宜」的水準。2014年，小米手機超車蘋果，成為中國國內的手機市占率第一名。2014年起，小米還跨足智慧家電等領域。2018年，小米在香港掛牌上市，2019年小米的年營收約為3,000億美元，2020年，小米登上全球智慧型手機市場市占率第三名。

成功故事

學生時期就立志創業。成功推動金山軟件掛牌上市後，卻毅然辭職，創辦了自己的小米公司。雷軍也因模仿賈伯斯的穿著風格而聲名大噪。小米公司成立六年，就賣出了8,000萬台智慧型手機。2014年小米更在中國市場超越蘋果，登上市占率龍頭寶座。小米運用獨家的研發、銷售手法，快速推升了業績。

相關人物

林斌

共同創辦人

周光平

共同創辦人

難題 Challenge

在競爭激烈的智慧型手機製造業當中，後起的小米為何能在中國市場快速成長，躋身熱門品牌？

解答 Solution

小米以蘋果的 iPhone 為理想，初期透過與重度用戶建立朋友關係來傳播口碑，並貫徹優質「用戶體驗」和「參與式行銷」。

成功 POINT

① 洞察時代的大方向，專攻「功能強大、價格便宜」的智慧型手機

★「金山軟件就像是在墾荒。我們為什麼不在颱風來的時候放風箏？在颱風口上，豬都會飛啊！」

★「博士（周光平）所謂的『革命』，就是要用低價銷售最好的智慧型手機。」

② 「和顧客交朋友」的基本理念與三三法則

★「通常品牌會把消費者當作外行人，對他們洗腦；或把消費者當作神，對他們言聽計從。然而，小米是把消費者當成朋友。」

★「三個策略：『做爆品』、『做粉絲』、『做自媒體』。」

★「三個戰術：『開放參與節點』、『設計互動方式』、『擴散口碑事件』。」

③ 打造一個能滿足年輕人「參與」心理需求的品牌

★「有人問我：『小米究竟用了什麼方法，讓口碑在社群媒體上如野火燎原般擴散？』我這麼回答：『一是參與，二也是參與，第三還是參與。』」

★「年輕、夢想、冒險精神和積極向上的能量──這些正是我要告訴用戶和夥伴們的訊息。」

★「企業本身要成為提供優質內容的媒體，同時還要打造一個能讓用戶醞釀出內容的系統。」

洞察時代的大方向，專攻「功能強大、價格便宜」的智慧型手機

在颱風口上，豬都會飛。

2014 年

颱風
大趨勢
氣勢

只要搭上大流行的氣勢，
豬都能飛上天！

我要掀起一場銷售革命，
用便宜的價格，賣最好的
智慧型手機！

2010 年
創辦小米

2014 年成為估值
450 億美元的企業

2007 年

颱風過後，
一點風也沒有，
流行、趨勢都成過去。

軟體熱潮已經過去，

簡直就像墾荒。

2007 年
香港金山軟件掛牌上市
總市值約 1 億美元

要發展能搭著下一波時勢大
幅成長的事業，才是關鍵！

2007 年才上市，對
一家軟體公司而言，
早就為時已晚。

學習
榜樣

能否搭上時代發展的大方向，將重重影響你成功的規模。

「和顧客交朋友」的基本理念與三三法則

「和顧客交朋友」的
三三法則。

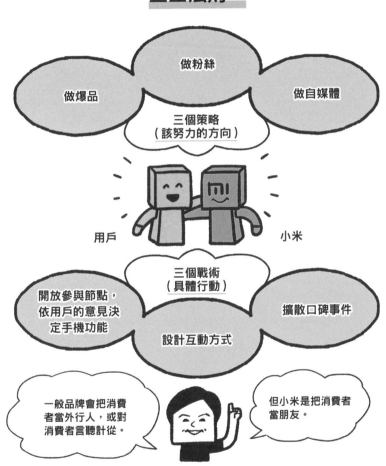

做粉絲

做爆品

做自媒體

三個策略
（該努力的方向）

用戶

小米

三個戰術
（具體行動）

開放參與節點，
依用戶的意見決
定手機功能

擴散口碑事件

設計互動方式

一般品牌會把消費
者當外行人，或對
消費者言聽計從。

但小米是把消費者
當朋友。

和顧客交朋友，能得到各式各樣的好處，包括口碑和回饋等。

學習榜樣

打造一個能滿足年輕人「參與」心理需求的品牌

「年輕人也能參與！」
藉此創造口碑。

小米能建立口碑，是因為年輕人也能參與討論。

小米的
智慧型手機和
平台

「讓用戶參與」是小米
大受歡迎的祕密。

小米想傳達三件事：
・對年輕和夢想的信任
・冒險精神
・積極向上的能量

學習
榜樣

「能參與」這件事，會為用戶帶來自我效能感。
年輕人會想參與、推動改變，以期讓世界變得更好。

朋友還是越多越好

連「那種人物」也適用小米的朋友策略!?

一開始的產品有一百位用戶參與開發測試。

我要參加～

還有熱心的用戶，眉開眼笑地協助布置線下活動的場地。

嘩 嘩 嘩

我們小米的策略關鍵字就是……

朋友

雷軍

用戶也是朋友！

小米有一項服務，就是上市三個月內的新產品，每週開放一次線上預購，也就是所謂的「紅色星期二」。

熱門商品總會造成搶購，幾乎每次都癱瘓伺服器。

又來了！

DOWN

呃……

出來面對！
出來面對！
出來面對！
出來面對！
出來面對！

工程師

我實在沒有把握撐過那麼多人同時上線……

求您保佑～

只好在「紅色星期二」的前一天燒香拜佛、求神保佑。

從此之後，伺服器就很少當機了。

連神明都是朋友！?

Entrepreneur 25

成功把包括微信在內，近 15 億活躍用戶的平台有效「變現」！深諳變現之道，就是成功之道！

馬化騰
Ma Huateng

▷ 騰訊公司創辦人

生於1971年。學生時期就對數學特別有天分，大學接觸程式設計後，便投入鑽研。大學畢業後，馬化騰曾於電信公司任職，之後與友人獨立創業。儘管一度苦於難以變現，但他以通訊軟體「騰訊QQ」龐大的用戶人數為基礎，終於在事業發展大獲成功。

> 騰訊的三個角色是：連結、工具、生態。

邁向國際級企業的歷程

1998年創立。旗下通訊軟體QQ的註冊人數在創業20個月後就達到1億人。虛擬形象、Q幣，還有2003年以後的線上遊戲等，快速推升了騰訊的營收與獲利。2004年，騰訊在香港風光掛牌；2009年登上中國線上遊戲市場的市占率龍頭寶座。2019年，騰訊年營收近600億美元。2020年，騰訊的總市值已達5,900億美元，成為亞洲第一大企業。

成功故事

創業幾年後，便碰上網路泡沫瓦解。QQ的用戶人數雖一路攀升，卻找不到合適的變現模式，期間甚至一度考慮出售公司。不過，騰訊團隊採取合議制，發揮團隊向心力，由下而上嘗試各種做法，加上在與外國大企業的競爭中勝出，讓馬化騰在2020年成為中國數一數二的富豪。

相關人物

張志東

共同創辦人

陳一丹

共同創辦人

難題 Challenge

騰訊以很難變現的「即時通訊軟體」起家，為什麼能發展成中國最大的網路企業？

解答 Solution

不以功能為訴求，而是以用戶的情感需求來做為變現的入口，並落實觀察、分析用戶體驗，因此和競爭者拉開差距。

成功 POINT

① 觀察用戶體驗，成功與競爭者做出差異化

★「思考的出發點都不是技術上的革命性突破，而是每一位用戶細微的體驗。」

★「我們的用戶都是從哪裡連上線的？」

★「當時幾乎沒人有自己的電腦，不是用職場的，就是用網咖的電腦。」

② 獲利模式才更需要創新

★「擴大營收的關鍵，在於挖掘出用戶的情感需求，並掌握整個服務的流程。」

★「騰訊依附『QQ空間』倏然崛起，但本質上的決定性關鍵，還是在於獲利模式的創新。」

★「逾半數用戶都是因為想在QQ空間的網頁上設定背景音樂，才成為綠鑽會員。」

③ 憑藉 QQ 用戶眾多的優勢，搶占遊戲市場

★「有位其他企業的員工，回顧當時騰訊讓他們打從心底絕望的功能：『騰訊在QQ上多加了一個視窗，把朋友正在玩的遊戲告訴用戶。用戶只要在視窗上一點，就能直接進入該遊戲的包廂。QQ上註冊的帳號超過2億個，衍生出來的玩家數量相當驚人。』」

觀察用戶體驗，成功與競爭者做出差異化

專注於改善用戶體驗，因而追過了三個競爭者。

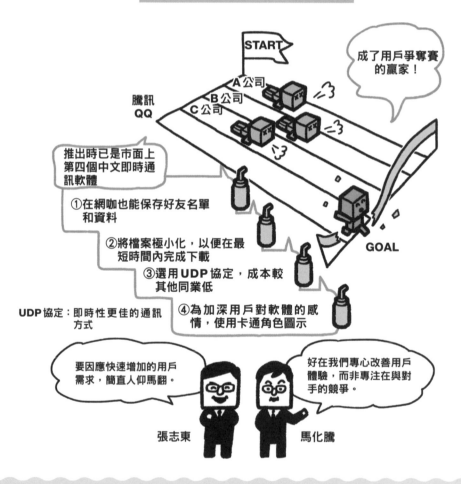

START

成了用戶爭奪賽的贏家！

A公司
B公司
C公司

騰訊
QQ

推出時已是市面上第四個中文即時通訊軟體

①在網咖也能保存好友名單和資料

②將檔案極小化，以便在最短時間內完成下載

③選用 UDP 協定，成本較其他同業低

GOAL

UDP協定：即時性更佳的通訊方式

④為加深用戶對軟體的感情，使用卡通角色圖示

要因應快速增加的用戶需求，簡直人仰馬翻。

好在我們專心改善用戶體驗，而非專注在與對手的競爭。

張志東

馬化騰

學習
榜樣

與其過度在意競爭對手，還不如用心觀察用戶體驗，
追求改善用戶體驗，更有機會成功。

獲利模式才更需要創新

獲利模式的創新，
正是騰訊克敵致勝的祕密。

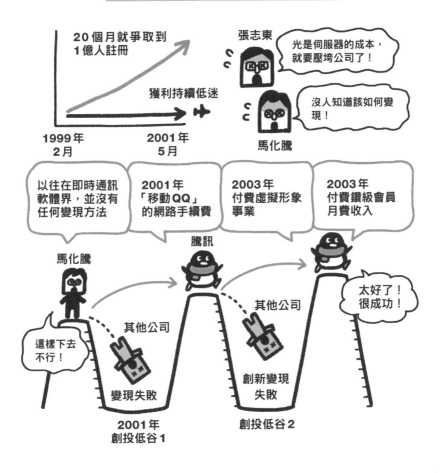

騰訊靠著提升情感價值，而非功能進化，成功在即時通訊軟體上建立收費機制。

憑藉 QQ 用戶眾多的優勢，搶占遊戲市場

以公司原有的眾多用戶爲基礎，搶占其他市場的龍頭寶座。

只要連上線，馬上就能把消息傳給好幾億人喔！

哇！被打敗了！

騰訊

專業技術

其他市場的企業先行者

先行者優勢

微信加QQ，活躍用戶約有17億人

積極招攬用戶的策略

騰訊在任何市場都所向無敵嗎？

在和即時通訊相關的市場上，它的確攻勢凌厲，

反之，若是那些不想讓別人知道的消費行為，那麼這套戰法就派不上用場了。

學習榜樣

能直接接收到自家企業資訊的用戶人數越多，對發展新事業就越有利。

「看得遠」是他的致勝祕訣

央求要買天文望遠鏡的少年，看到了哈雷慧星。這是望遠鏡創業家馬化騰的故事。

Entrepreneur

26

從阿里巴巴衍生出創新的支付與金融服務平台！

彭蕾
Peng Lei

▷ 阿里巴巴集團共同創辦人，
蟻集團支付寶前執行長

> 利用大數據，創造出
> 「純信用貸款」的新
> 型金融服務。

生於1971年，原本是老師，2010年起擔任支付寶執行長。起初是因為彭蕾的先生參與阿里巴巴創辦人馬雲的事業，於是她也跟著成為集團創辦人。在擔任支付寶執行長一職前，彭蕾曾是阿里巴巴的人資長（CHO）。2018年離開蟻金融服務集團（即支付寶），轉到阿里巴巴集團旗下的電商來贊達（Lazada）擔任執行長。

邁向國際級企業的歷程

支付寶成立於2004年，合作商店在2006年就達到30萬家。用戶則於2008年突破1億人大關，2019年更達到全球10億人。2009年，支付寶在中國國內的電子支付市場上，掌握了約五成的市占率。在中國每年的11月11日（又稱雙11）特賣盛事當中，支付寶曾於2016年的尖峰時段創下每秒12萬筆交易的紀錄。2019年的年營收為160億美元。

成功故事

自從彭蕾當上執行長，支付寶的「完成結帳率」大幅改善，從原本的60%左右，提高到90%以上。她也重新調整「關鍵績效指標」（KPI），改以速度為主軸。此外，可以小額投資的貨幣市場基金（MMF）服務「餘額寶」，也是在彭蕾的提議下開始發展。2017年，也就是推出四年後，餘額寶已成為全球最大的MMF。彭蕾透過支付與融資，建立起了全球性的金融網絡。

相關
人物

馬雲

阿里巴巴創辦人

曾鳴

阿里巴巴集團
前總參謀長

難題 Challenge

螞蟻集團為什麼可以持續大幅成長，讓傳統金融機構望塵莫及？

解答 Solution

運用大型電商平台阿里巴巴的數據資料，將服務對象擴及到傳統金融機構無法放款的族群（中小企業、個人）。

成功 POINT

① 根據中國現況，發展新的支付與貸款事業
- ★「阿里巴巴草創之初對支付的看法：陌生人之間不只有物理上的距離，還有『信任』這個阻礙。」
- ★「掌握和支付相連的那些生活場景，才能確實地留住用戶。」
- ★「真正為中國人解決信用問題的，是發源自『擔保交易』的支付寶。」

② 擺脫傳統金融機構的習慣，打造全新商業模式
- ★「阿里巴巴對銀行手上的那些大企業、中堅企業客戶沒有興趣，銀行也對阿里巴巴想服務的微型企業看不上眼。」
- ★「『阿里小貸』沒有範例可循，於是便拜訪大量顧客，實地進行調查。」

③ 將個人的信用狀況化為分數，創造出龐大市場
- ★「（螞蟻金服底下的）花唄用戶有60%都沒用過信用卡。」
- ★「如果沒有大數據技術，在傳統的信用調查系統上，根本無法針對這些缺乏足夠信用紀錄的族群進行信用評分。」
- ★「透過『阿里旅行』預約飯店時，只要在（螞蟻金服的）芝麻信用評分達600分以上，用戶就可以免過卡。」

根據中國現況,發展新的支付與貸款事業

解決了阻礙中國電商發展的信用問題。

2003年前後的中國,信用卡尚未普及。

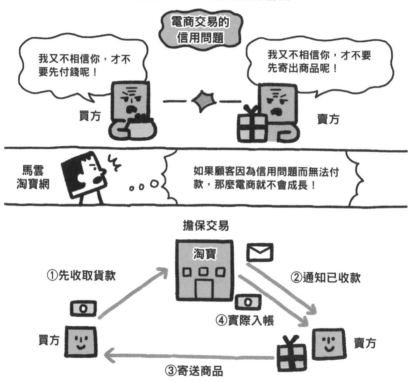

電商交易的信用問題

我又不相信你,才不要先付錢呢!

我又不相信你,才不要先寄出商品呢!

買方

賣方

馬雲
淘寶網

如果顧客因為信用問題而無法付款,那麼電商就不會成長!

擔保交易

淘寶

①先收取貨款

②通知已收款

④實際入帳

買方

賣方

③寄送商品

支付寶發展『擔保交易』,
並打造出一套以線上數據為基礎的信用保證系統。

學習
榜樣

如果顧客的問題遠比我們想像的更基本,那就應該先解決顧客的問題。

擺脫傳統金融機構的習慣，打造全新商業模式

與傳統金融機構截然不同的商業模式。

我們對大企業或中堅企業的貸款沒興趣。

阿里巴巴

我們沒興趣和微型企業打交道，也不敷成本。

傳統銀行

彼此定位不同，就算有意合作也無法實現。

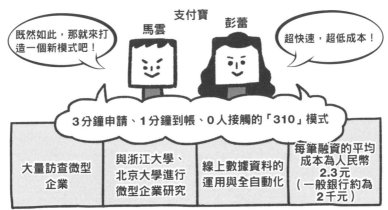

既然如此，那就來打造一個新模式吧！

馬雲 支付寶 彭蕾

超快速，超低成本！

3分鐘申請、1分鐘到帳、0人接觸的「310」模式

| 大量訪查微型企業 | 與浙江大學、北京大學進行微型企業研究 | 線上數據資料的運用與全自動化 | 每筆融資的平均成本為人民幣2.3元（一般銀行約為2千元） |

平均貸放金額低於人民幣4萬元，
卻是一個讓為數眾多的微型企業和個人新戶可申辦貸款的市場。

若能將原本以人力操作的業務轉為自動化，大幅壓低成本，就能發展各式各樣的新事業。

學習榜樣

將個人的信用狀況化為分數，創造出龐大市場

傳統金融徵信機構無法網羅的龐大市場。

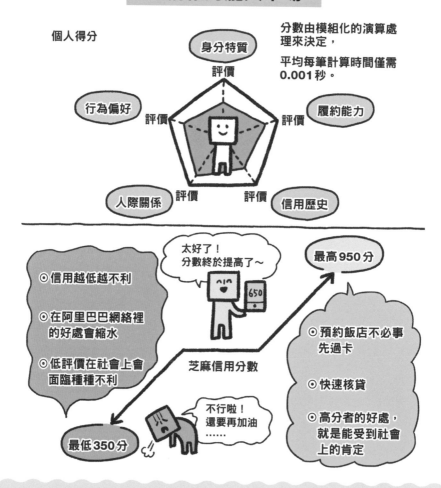

個人得分

身分特質
評價

行為偏好
評價

履約能力
評價

人際關係
評價

信用歷史
評價

分數由模組化的演算處理來決定，

平均每筆計算時間僅需0.001秒。

⊙ 信用越低越不利

⊙ 在阿里巴巴網絡裡的好處會縮水

⊙ 低評價在社會上會面臨種種不利

太好了！
分數終於提高了～

650

芝麻信用分數

不行啦！
還要再加油
……

最高950分

最低350分

⊙ 預約飯店不必事先過卡

⊙ 快速核貸

⊙ 高分者的好處，就是能受到社會上的肯定

學習榜樣　自動計算出信用分的機制，為個人金融的世界開創出龐大的市場。

不忘原點

掌握人心和組織策略的專家，不但很會喝酒，也懂得從失敗中快速學習。

改變「移動概念」的共享乘車企業！以浮動價格與資訊科技，解決隨時都在變動的乘車需求！

崔維斯・卡拉尼克

Travis Kalanick

▷ 優步科技公司共同創辦人

1976年生。卡拉尼克在優步（Uber）創立一年後加入團隊，並在創辦人坎普（Garrett Camp）請託下出任執行長。卡拉尼克加入優步之前，曾有兩次創業經驗，其中一家公司後來成功出售。2017年，因爆發醜聞而辭去優步執行長一職。

> 別問做不做得到，
> 只要問該怎麼做到。

邁向國際級企業的歷程

優步創立於2008年11月，當時公司名叫UberCab，以高級車的派車服務為事業主軸。2012年，優步已在全球十幾個城市發展服務；2014年又推出餐飲外送服務的Uber Eats。2019年，於美國掛牌上市，2020年，服務已拓展到全球約900個城市。

成功故事

卡拉尼克創辦的第一家公司，因為與大型企業纏訟而破產。這次經驗，對他後來發展優步這個預計會與傳統業界產生衝突的事業很有幫助。2017年辭職下台時，卡拉尼克的個人資產約有60億美元，在財富方面可說相當成功。不過，優步的安全性和法律面的問題，迄今仍有爭議。

格瑞特・坎普
（Garrett Camp）

萊恩・葛雷夫斯
（Ryan Graves）

相關
人物

創辦人

第一位員工，
後來的執行長

難題 Challenge

市場上有好幾家叫車服務企業，都是運用資訊技術發展而來，但為什麼優步能成為舉世聞名的企業？

解答 Solution

優步不只接受計程車司機註冊，也開放一般駕駛人加入，以滿足需求的即時增減。「效率第一」的理念，也是成功原因。

成功 POINT

① 轉型為「運用他人閒置資產」的做法奏效

★「卡拉尼克對自行建置車隊嗤之以鼻，並強烈反對，認為讓司機使用APP的形式，會更有效率。」

★「這項服務做為事業的最後一片拼圖，在於它『不是商務接送公司』，這才讓我豁然開朗。因為優步其實是一家物流公司。」

② 搭載 GPS 功能的 iPhone，以及資訊技術的巧妙結合

★「優步的機制是只要乘客付款給優步，優步就會收取手續費，再把剩餘款項付給司機。」

★「既然GPS地圖能為司機導航，那麼『個人知識』就已經落伍了。」

③ 讓乘車需求與派車數量達成平衡的「動態訂價」

★「問題在於，酒客眾多的週末、假日，以及下雨天等，有大量需求時總是攔不到車。」

★「在特定時段提高司機的酬勞，讓車輛供給量增加了70～80%，並順利將配對失敗率降到三分之一。」

轉型為「運用他人閒置資產」的做法奏效

運用不屬於自己的、他人的閒置時間與資源。

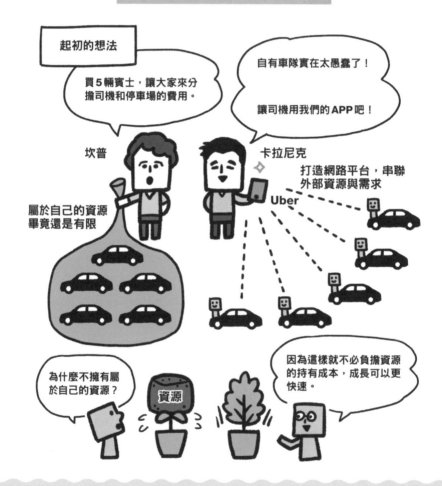

起初的想法

買5輛賓士,讓大家來分擔司機和停車場的費用。

自有車隊實在太愚蠢了!

讓司機用我們的APP吧!

坎普

卡拉尼克

打造網路平台,串聯外部資源與需求

Uber

屬於自己的資源畢竟還是有限

為什麼不擁有屬於自己的資源?

資源

因為這樣就不必負擔資源的持有成本,成長可以更快速。

學習榜樣　若資源由公司自己持有,成長規模就會受資源左右。

搭載 GPS 功能的 iPhone，以及資訊技術的巧妙結合

27

UBER
崔維斯·卡拉尼克

創造出新形態資訊，改變了消費者和員工的行為。

可以找到想搭車，而且離我最近的人喔！

司機

Uber

聯絡距離最近的車，就可以搭車了，對吧？

消費者

去接最近的客人囉！

一致

搭乘離我最近的車吧！

人會根據資訊來決定自己的行為。
只要創造出新形態資訊，就能大大改變人的行為。

當科技進步與新商業模式的方向一致，就能創造出足以掀起社會變革的震撼。

學習
榜樣

成功
POINT3

讓乘車需求與派車數量達成平衡的「動態訂價」

運用「浮動價格制」，
讓乘車需求與派車數量達成平衡。

深夜和假日我想休息。

司機

奇怪？
沒車可搭！
真傷腦筋！

消費者

Uber

為了增加派車趟數，來調整一下價格吧！

Uber

需求

依日期、時間或有無活動等條件而上下波動

既然單價這麼高，那就多跑幾趟吧！

優步的資訊

提高單價的
條件、時間、日期

既然這麼好賺，我也想做！

學習
榜樣

為了讓即時數據資料上的需求與供給達成平衡，不妨試著導入浮動價格制。

創業家趣聞

保持戰鬥狀態！

卡拉尼克被譽為是很有攻擊性的執行長。當年優步真的需要他這樣的領導風格嗎？

Entrepreneur

28

運用閒置空間與資訊科技，發展出全球最大的住房網！

布萊恩・切斯基

Brian Chesky

▷ Airbnb 公司共同創辦人

1981 年生的切斯基，當年想到一項前所未有的服務，就是把他和朋友分租的公寓中的閒置空間，租給想住宿卻訂不到飯店的人。後來他結識了十分能幹的程式設計師布萊卡斯亞克（Nathan Blecharczyk），把這項服務擴大發展成 Airbnb 事業。儘管市場上屢次出現競爭者，但 Airbnb 都成功克敵制勝，並於 2020 年順利掛牌上市。

> Airbnb 是全球最大的連鎖飯店，而且我們還不需要維修、保養建築物。

邁向國際級企業的歷程

Airbnb 創立於 2008 年，2012 年進軍歐洲。截至 2012 年 1 月，累計住宿次數達 500 萬次，同年 6 月更達到 1,000 萬次。2019 年，在 Airbnb 上註冊出租的房源已遍及全球 190 國，房源逾 600 萬件，年營收約為 46 億美元。2020 年，Airbnb 成功於美國掛牌上市。

成功故事

Airbnb 由切斯基、布萊卡斯亞克和蓋比亞（Joe Gebbia）三人共同創辦。起初他們為了找金主投資，吃足了苦頭，所幸後來通過矽谷「Y 孵化器」（Y Combinator）新創學校的審核，拿到了資金。在這個透過網路就可以活化閒置資產的時代裡，Airbnb 成了先驅。2020 年掛牌上市時，Airbnb 的總市值已逾 1,000 億美元。

相關人物

喬・蓋比亞
（Joe Gebbia）

共同創辦人

納森・布萊卡斯亞克
（Nathan Blecharczyk）

共同創辦人

難題 Challenge

為什麼 Airbnb 能成功發展到全球 190 國，註冊房源達 600 萬件之多？

解答 Solution

Airbnb 重視「旅遊體驗與魅力」，藉此與競爭者做出差異化。此外也積極經營社群，對象不只用戶，還包括房東等族群。

成功 POINT

① 光是打造出網路平台，參與者不會自動增加

★「週末連假，他去了一趟紐約，走訪多位房東。結果他發現一個問題：房東呈現房源的手法都很拙劣。」

★「他們該做的，是教導房東如何高明地推銷。」

② 充滿行銷才華的天才程式設計師，布萊卡斯亞克大顯身手

★「當時布萊卡斯亞克才24歲，卻具有出神入化的高超技術。」

★「若非具備行銷觀念的工程師，就無法仔細拆解、分析產品，更無法如此順利地整合。」

★「Airbnb的簡略版房源介紹相當簡潔，還能一鍵刊登在分類廣告網站『克雷格列表』（Craigslist）上。」

③ 不僅加強平台功能，還經營用戶社群

★「我們的目標，是要提供德國租屋網Wimdu所沒有的、模仿不來的東西。換言之，就是要培養出Airbnb的使命感，以及用戶之間緊密相連的社群。」

★「Wimdu只是公事公辦地到處打電話推銷，成長氣勢才會這麼驚人，但服務其實很空洞，既沒有聚會，更沒有擁抱。」

光是打造出網路平台，參與者不會自動增加

傳授高明的推銷方式給房東，推升了平台上的註冊房源數量。

充滿行銷才華的天才程式設計師，布萊卡斯亞克大顯身手

創業元老當中，
有一位天才程式設計師。

自己一個人寫出
Airbnb網站的程式

靈活度高，
通行全球的付款系統

了解行銷概念，
得以準確改善

無縫接軌的網站，
不麻煩用戶

那些不懂行銷的工程師，寫出來的網站根本不是對手嘛！

無與倫比的
速度感

Airbnb

天才程式設計師　布萊卡斯亞克

我只要跑遍世界，負責業務和協商即可！

負責想一些天馬行空的夢想和願景的人，不是喬就是我。

CEO 切斯基

能夠不破壞這些願景，把「絕不可能」化為可能的，就是布萊卡斯亞克！

如果所有業務都能由自家成員一手包辦，就能即時修正、改善，並祭出行銷對策。

學習榜樣

成功 POINT3 不僅加強平台功能，還經營用戶社群

策略上貫徹
「山寨網站做不到的事」。

採用緊迫盯人的業務手法，讓業績看起來蒸蒸日上。

這個創意雖然來自美國，但我們早就在歐洲扎根囉！

想在全球拓展事業版圖，最好的方法就是出高價收購我們公司。怎麼樣？

山寨網站

哇！
一模一樣的網站和服務！
怎麼辦？

No.1

把他們不想做的、不能做的事，全都做到極致，正面迎擊！

Airbnb 的 2 個獨特性

① Airbnb 主張的使命感

② 充滿愛的社群串連用戶

以出售公司為目標的山寨網站，毫無信念和感情。
「追求獨特性」的做法，帶領 **Airbnb** 在這場商戰中大獲全勝。
（結果 **Airbnb** 並沒有出高價買下山寨網站）

學習榜樣 仿冒者既沒有理想，也缺乏理念。要成就一個品牌，不僅在產品和服務上需具備一定功能，情感價值也很重要。

天才程式設計師也吃驚

連「歐巴馬」早餐麥片都做得出來的創造力，卻耽誤了報名「Y孵化器」的截止日。

抓住富裕人生的訣竅，
知名創業家不為人知的共通點

成功是一種文化，
受到相同文化薰陶的人，也同樣能功成名就

　　星巴克的舒茲，應該讀過帶領麥當勞大紅大紫的企業家雷·克洛克的傳記，或是曾聽他的母親提過。因為克洛克和舒茲採取了完全相同的行動：克洛克從一家向自己大量購買奶昔機的小店，發現麥當勞兄弟的餐廳其實經營得很成功；舒茲則是發現有家名叫星巴克的小鋪，向自己任職的滴濾式咖啡機製造商大量採購，才讓他在好奇心驅使下搭上了飛往西雅圖的班機。

　　近年來，有越來越多活躍於商界的人士，是先在矽谷創業，或先在新創公司任職，之後又成功創業，也就是所謂的「連續創業家」（serial entrepreneur）。這種現象暗示著，成功乃是一種「文化」。受過「成功文化」薰陶的人，成功機率會比沒接觸過成功文化的人高出許多。儘管形式不盡相同，但閱讀成功人士的自傳，也可視作在「學習成功文化」。

不論是今後想功成名就的各位上班族，或是未來將步入社會的同學，在求職之際，最好把「企業組織裡的成功文化，是否符合我的想像？」這個問題，列入選擇公司的條件。

要能與那些「和自己不同類型的人」和睦相處

　　人通常比較喜歡與自己想法相似的人。成語也有所謂的「志同道合」，畢竟觀點相同，人生觀也相同的人，相處起來的確比較輕鬆。然而這樣一來，我們的想法就會受到侷限，無法擴大成功的格局。

　　亨利・福特直到第三次創業，才結識了懂得生產管理和會計的考森斯。福特總算因此找到合適的機制，成功把他對技術研發的熱情轉換成財富。如果沒有這段緣分，那麼當年就算福特發明再多新技術，恐怕也還是會在經營上遭逢挫敗，最後沒沒無聞地抱憾終生吧。

　　在本田宗一郎的自傳當中，屢次提及他把「和自己不同類型的人共事」，當作自己的工作風格。想必本田宗一郎是讀過福特的自傳，明白福特結識考森斯這段緣分帶來了多麼強大的效應吧。其實對本田宗一郎而言，藤澤武夫就是他的考森斯。

父母灌溉的愛，必能讓子女的人生開花

　　小時候的成長背景，會對人的一生帶來極大影響。看看那些成功的企業家，就會發現他們的父母兩人或其中一方，都在孩子的成長過程中傾注了堅定不移的愛。約翰・洛克菲勒因為以行商為業的父親荒唐放蕩，度過了一段顛沛流離、總是活在貧窮陰影下的童年。然而，儘管處在委屈環境之中，媽媽仍給了洛克菲勒很多的愛，讓他懷抱著堅毅不屈的精神長大。

日本的知名創業家松下幸之助也是如此。他的父親因為投機不成，讓家庭陷入一貧如洗，童年時更經歷過兄弟相繼病歿的悲慘遭遇。不過，所幸在如此悲慘的生活之中，松下幸之助仍得以在父母的愛護下成長。當年體弱多病的他，後來成為充滿驚人能量與智慧的人，翻轉了所有逆境，走過一段精采人生。讓星巴克鴻圖大展的霍華·舒茲也是一樣。舒茲的童年是在供低收入戶居住的社會住宅裡度過，不過，母親卻為他培養了「只要努力必能成功」的信念，以及無可動搖的自尊心。

就當今社會的趨勢而言，通常童年家庭經濟寬裕者，在社會競爭上相對有利。不可否認，以獲得的機會多寡而言，童年家庭經濟寬裕者的確較占上風。然而綜觀本書介紹的這些創業家，就不難發現：在「父母給予子女很多關愛」，或是「父母為子女培養出自尊心」的家庭中成長，孩子日後在自己的人生路上，就能走得更堅強、更能屈能伸。雙親俱全固然是最好，但即使只有單親，用愛灌溉的效果依舊不變。這些知名創業家的人生歷程，說明了一件事，那就是父母灌溉的愛，必能在子女人生的某處開出美麗花朵。

唯有能客觀審視自己的人，才能善用周邊的資源

史蒂夫·賈伯斯因為深知好友沃茲尼克在電腦方面的才華，才促成兩人攜手創辦蘋果公司，產品風靡全球。創業家不見得每件事都要親力親為，但如果無法自己做好每一件事，那麼能否看出他人的資質，就成了一大關鍵。能接納他人才華的虛心坦懷，更是重要。

能否客觀審視自己，也是成功創業家必備的一項資質。舉例來說，當我們想用好幾片拼圖（這裡姑且把人當作拼圖）組合出一個圖樣時，若無法客觀了解自己的形狀，就沒辦法拿其他拼圖來和自己組合。對自己認識不清的人，是無法與他人合作的。

《創業家超圖解》當中，分析了三十位成功的創業家，並詳加解說。起初還以為他們的成功祕訣會有更多邏輯、策略方面的元素，結果竟是以近乎「人生論」的幾項重點作結。這是由於創業家的功成名就，都具有「文化面向」的因素。他們有些人是從父母身上繼承家傳的成功文化，有些人是父母重視成功文化，也有些人是從企業組織或親朋好友身上學到成功文化。我寫作本書的目標，就是希望將這些創業家多元的成功文化匯整成一冊，供讀者參閱學習。衷心期盼本書能在各位邁向成功的路上，助一臂之力。

鈴木博毅

■參考・引用文獻一覧

第1章　工業時代的創業家

- ◆1　『カーネギー自伝』アンドリュー・カーネギー 著、坂西志保 訳（中公文庫BIBLIO）
- ◆2　『タイタン（ロックフェラー帝国を創った男　上・下巻）』ロン・チャーナウ 著、井上廣美 訳（日経BP社）
- ◆3　『渋沢栄一のすべて―大河ドラマ青天を衝け』宝島社 編集（宝島社）
　　『雨夜譚』渋沢栄一 自伝、長幸男 校注（岩波文庫）
　　『渋沢栄一　日本の経営哲学を確立した男』山本七平 著（さくら舎）
- ◆4　『藁のハンドル』ヘンリー・フォード 著、竹村健一 訳（中公文庫）
　　『自動車王フォードが語るエジソン成功の法則』ヘンリー・フォード 著、サミュエル・クラウザー 著、鈴木雄一 監修・訳（言視舎）
　　『フォード―自動車王国を築いた一族（上・下）』ロバート・レイシー 著、小菅正夫 訳（新潮文庫）

第2章　戦後復興時代的創業家

- ◆5　『カイゼン魂　トヨタを創った男　豊田喜一郎』野口均 著（ワック）
　　『豊田喜一郎―夜明けへの挑戦』木本正次 著（学陽書房）
- ◆6　ウォルト・ディズニー　創造と冒険の生涯 ボブ・トマス 著、玉置悦子 訳、能登路雅子 訳（講談社）
- ◆7　『本田宗一郎　夢を力に（私の履歴書）』本田宗一郎 著（日経ビジネス人文庫）
　　『得手に帆あげて―本田宗一郎の人生哲学』本田宗一郎 著（三笠書房）
- ◆8　『幸之助論―「経営の神様」松下幸之助の物語』ジョン・P・コッター 著、金井壽宏 監訳（ダイヤモンド社）
- ◆9　『MADE IN JAPAN―わが体験的国際戦略』盛田昭夫 著、下村満子 著・訳（PHP研究所）
　　『井深大―自由闊達にして愉快なる（私の履歴書）』井深大 著（日経ビジネス人文庫）

第3章　消費擴大時代的創業家

- ◆10　『成功はゴミ箱の中に―レイ・クロック自伝』レイ・A・クロック 著、ロバート・アンダーソン 著、野崎稚恵 訳、野地秩嘉 監修・構成（プレジデント社）
- ◆11　『稲盛和夫の実学―経営と会計』稲盛和夫 著（日本経済新聞出版）
　　『アメーバ経営―ひとりひとりの社員が主役』稲盛和夫 著（日経ビジネス人文庫）
- ◆12　『ジャック・ウェルチのGE革命　世界最強企業への選択』ノエル・M・ティシー 著、ストラトフォード・シャーマン 著、小林規一 訳、小林陽太郎 監訳（東洋経済新報社）
　　『ウィニング―勝利の経営』ジャック・ウェルチ 著、スージー・ウェルチ 著、斎藤聖美 訳（日本経済新聞出版）
- ◆13　『スターバックス成功物語』ハワード・シュルツ 著、ドリー・ジョーンズ・ヤング 著、小幡照雄 訳、大川修二 訳（日経BP社）

第4章　資訊科技誕生時代的創業家

- ◆14　『ビル・ゲイツ―巨大ソフトウェア帝国を築いた男』ジェームズ・ウォレス 著、ジム・エリクソン 著、SE編集部 訳、奥野卓司 監訳（翔泳社）
　　『ビル・ゲイツⅠ―マイクロソフト帝国の誕生』脇英世 著（東京電機大学出版局）
　　『夢は必ずかなう―物語　素顔のビル・ゲイツ』小出重幸 著（中央公論新社）
- ◆15　『スティーブ・ジョブズの流儀』リーアンダー・ケイニー 著、三木俊哉 訳（ランダムハウス講談社）
　　『スティーブ・ジョブズ驚異のプレゼン』カーマイン・ガロ 著、井口耕二 訳（日経BP社）
　　『スティーブ・ジョブズ驚異のイノベーション』カーマイン・ガロ 著、井口耕二 訳（日経BP社）
- ◆16　『ソフトバンクで占う2025年の世界　全産業に大再編を巻き起こす「孫正義の大戦略」』田中道昭 著（PHPビジネス新書）
　　『孫正義300年王国への野望』杉本貴司 著（日本経済新聞出版）
　　『志高く―孫正義正伝』井上篤夫 著（実業之日本社）

第5章 資訊科技創新時代的創業家

◆ **17** 『一勝九敗』柳井正 著（新潮文庫）
『成功は一日で捨て去れ』柳井正 著（新潮文庫）

◆ **18** 『ベゾス・レター──アマゾンに学ぶ14ヵ条の成長原則』スティーブ・アンダーソン 著、カレン・アンダーソン 著、加藤今日子 訳（すばる舎）
『ジェフ・ベゾス果てなき野望──アマゾンを創った無敵の奇才経営者』ブラッド・ストーン 著、井口耕二 訳（日経BP社）

◆ **19** 『「アリババ」を世界一の小売業にした男ジャック・マー』厳岐成 著、吉田修誠 訳、吉田理華 訳（中国出版トーハン）
『これぞジャック・マーだ』陳偉 著、光吉さくら 訳、ワン・チャイ 訳（大樟樹出版社）
『アリババ──世界最強のスマートビジネス』ミンゾン 著、土方奈美 訳（文藝春秋）

第6章 資訊革命新時代的創業家

◆ **20** 『グーグルネット覇者の真実──追われる立場から追う立場へ』スティーブン・レヴィ 著、仲達志 訳、池村千秋 訳（阪急コミュニケーションズ）
『Google誕生──ガレージで生まれたサーチ・モンスター』デビッド・ヴァイス 著、マーク・マルシード 著、田村理香 訳（イースト・プレス）

◆ **21** 『イーロン・マスク──未来を創る男』アシュリー・バンス 著、斎藤栄一郎 訳（講談社）
『イーロン・マスクの野望──未来を変える天才経営者』竹内一正 著（朝日新聞出版）

◆ **22** 『フェイスブック若き天才の野望──5億人をつなぐソーシャルネットワークはこう生まれた』デビッド・カークパトリック 著、滑川海彦 訳、高橋信夫 訳（日経BP社）
『Facebookをつくったマーク・ザッカーバーグ』スーザン・ドビニク 著、熊谷玲美 訳、熊坂仁美 監修（岩崎書店）
『フェイスブック──不屈の未来戦略』マイク・ホフリンガー 著、大熊希美 訳（TAC出版）

◆ **23** 『YouTube革命──メディアを変える挑戦者たち』ロバート・キンセル 著、マーニー・ペイヴァン 著、渡会圭子 訳（文藝春秋）
『YouTubeの時代──動画は世界をどう変えるか』ケヴィン・アロッカ 著、小林啓倫 訳（NTT出版）

第7章 網路新時代的創業家

◆ **24** 『シャオミ爆買いを生む戦略──買わずにはいられなくなる新しいものづくりと売り方』黎万強 著、藤原由希 訳（日経BP社）
『現代中国経営者列伝』高口康太 著（星海社）

◆ **25** 『テンセント──知られざる中国デジタル革命トップランナーの全貌』呉暁波 著、箭子喜美江 訳（プレジデント社）
『テンセントが起こす"インターネット＋"世界革命──その飛躍とビジネスモデルの秘密』馬化騰 著、張暁峰 他 共著、永井麻生子 訳、岡野寿彦 監修（アルファベータブックス）

◆ **26** 『アントフィナンシャル──1匹のアリがつくる新金融エコシステム』廉薇 著、辺慧 著、蘇向輝 著、曹鵬程 著、永井麻生子 訳（みすず書房）

◆ **27** 『ワイルドライド──ウーバーを作りあげた狂犬カラニックの成功と失敗の物語』アダム・ラシンスキー 著、小浜杏 訳（東洋館出版社）

◆ **28** 『UPSTARTS UberとAirbnbはケタ違いの成功をこう手に入れた』ブラッド・ストーン 著、井口耕二 訳（日経BP社）
『Airbnb Story 大胆なアイデアを生み、困難を乗り越え、超人気サービスをつくる方法』リー・ギャラガー 著、関美和 訳（日経BP社）

Graphic Times 34

創業家超圖解

從卡內基到比爾蓋茲，從迪士尼、賈伯斯到馬斯克，
一眼看懂地表最強企業家的致勝思維！

作　　者	鈴木博毅
繪　　者	Taki Rei
譯　　者	張嘉芬

野人文化股份有限公司

社　　長	張瑩瑩
總 編 輯	蔡麗真
責任編輯	王智群
協力編輯	陳瑞瑤
行銷經理	林麗紅
行銷企劃	蔡逸萱、李映柔
專業校對	魏秋綢
封面設計	萬勝安
內頁排版	藍天圖物宣字社

出　　版	野人文化股份有限公司
發　　行	遠足文化事業股份有限公司
	地址：231新北市新店區民權路108-2號9樓
	電話：（02）2218-1417　傳真：（02）8667-1065
	電子信箱：service@bookrep.com.tw
	網址：www.bookrep.com.tw
	郵撥帳號：19504465遠足文化事業股份有限公司
	客服專線：0800-221-029
法律顧問	華洋法律事務所　蘇文生律師
印　　製	博客斯彩藝有限公司
初　　版	2022年3月
初版二刷	2023年6月

ISBN 978-986-384-646-8（平裝）
ISBN 978-986-384-660-4（epub）
ISBN 978-986-384-659-8（pdf）

有著作權　侵害必究
特別聲明：有關本書中的言論內容，不代表本公司／出版集團之立場與意見，
文責由作者自行承擔
歡迎團體訂購，另有優惠，請洽業務部（02）22181417分機1124、1135

國家圖書館出版品預行編目 (CIP) 資料

創業家超圖解：從卡內基到比爾蓋茲，從迪
士尼、賈伯斯到馬斯克，一眼看懂地表最強
企業家的致勝思維！／鈴木博毅作；Taki Rei
（たきれい）繪；張嘉芬譯一初版一新北市：
野人文化股份有限公司出版：遠足文化事業
股份有限公司發行，2022.03
　　面；　公分

1. 企業家 2. 企業經營 3. 創業 4. 職場成功法

490.99　　　　　　　　　　110020793

DENSETSU NO KEIEISHA-TACHI NO SEIKŌ TO
SHIPPAI KARA MANABU KEIEISHA ZUKAN by
Hiroki Suzuki
Copyright © 2021 Hiroki Suzuki
Original Japanese edition published by KANKI
PUBLISHING INC.
All rights reserved
Chinese (in Complicated character only) translation
rights arranged with KANKI PUBLISHING INC.
through Bardon-Chinese Media Agency, Taipei.

創業家超圖解

野人文化
官方網頁

野人文化
讀者回函

線上讀者回函專用
QR CODE，你的寶
貴意見，將是我們
進步的最大動力。